合同控税 52招

马昌尧 郭小勤 刘刚 / 编著

本书作者根据最新的税法和政策要求，结合长期的税务工作实践，精心编写了 63 个典型控税实践案例。全书以实践案例为基础，全面深入地介绍了企业各生产运营阶段的税款缴纳与控税技巧，详细讲解在税收政策规定范围内如何开展减税筹划，包括企业合同签订过程中增值税缴纳、土地增值税缴纳、企业所得税缴纳、个人所得税缴纳以及企业投融资等各个环节的涉税风险防范与控税技巧。

本书注重合同控税的合法性、实用性、可操作性，书中介绍的减税技巧，完全是在法律法规允许范围内的，可为企业提供有效的纳税依据和控税指导。

图书在版编目（CIP）数据

合同控税 52 招 / 马昌尧，郭小勤，刘刚编著.
北京：机械工业出版社，2025.8. -- ISBN 978-7-111-78882-9

Ⅰ. D923.64；F812.423

中国国家版本馆 CIP 数据核字第 20259YF812 号

机械工业出版社（北京市百万庄大街 22 号　邮政编码 100037）
策划编辑：石美华　　　　　　　　责任编辑：石美华　戴樟奇
责任校对：卢文迪　杨　霞　景　飞　责任印制：任维东
河北宝昌佳彩印刷有限公司印刷
2025 年 8 月第 1 版第 1 次印刷
170mm×230mm・15.25 印张・1 插页・166 千字
标准书号：ISBN 978-7-111-78882-9
定价：89.00 元

电话服务　　　　　　　　　　　　网络服务
客服电话：010-88361066　　　　　机 工 官 网：www.cmpbook.com
　　　　　010-88379833　　　　　机 工 官 博：weibo.com/cmp1952
　　　　　010-68326294　　　　　金　书　网：www.golden-book.com
封底无防伪标均为盗版　　　　　　机工教育服务网：www.cmpedu.com

PREFACE 前言

税务系统的不断升级和"放管服"改革纵深推进，为企业税务管理带来了新的挑战与机遇。特别是金税四期的上线，标志着我国税收征管体系进行了又一次重大革新。

2022年金税四期上线以来，税务部门在税务执法规范性、税费服务便捷性、税务监管精准性上已取得重要进展；这一系列改革措施不仅提升了税务管理的效率，也为企业规范纳税提供了更加清晰、透明的环境。

近年来，通过大量的线下培训、专项咨询、纳税辅导和涉税筹划等业务实践，我们深刻认识到，不规范纳税行为会给企业带来涉税风险。

因此，本书旨在引导企业规范纳税，合理运用涉税政策，以实现税负最小化，同时防范不必要的涉税风险，提升企业的财税运营效益。

一、本书的诞生背景与意义

随着金税系统各模块的陆续上线和系统升级,特别是金税四期的全面实施,税务部门在优化营商环境和推进税收征管现代化方面取得了显著成效。

这一系列改革不仅提升了税务管理的智能化水平,也为纳税人提供了更加便捷、高效的服务。然而,对于部分纳税不规范的企业来说,其涉税风险也随之增加。

本书正是在这一背景下应运而生,旨在通过深入解析国家税收法律、法规,并结合企业减税筹划实践案例,为企业提供一套全面、实用、合法的涉税风险防范与减税技巧指南。

二、纳税筹划的合法性与重要性

纳税筹划是在法律允许的范围内,通过对纳税人生产经营活动的调整和安排,最大限度地减轻税收负担的行为。它是纳税人的一项基本权利,与偷税、抗税、逃税等非法应对手段截然不同。

企业应当充分利用这一权利,通过合法的纳税筹划手段,降低税负,提升竞争力。

三、本书的主要内容与特点

本书全面深入地解析了企业合同签订过程中,增值税、土地增值税、企业所得税、个人所得税以及企业投融资等各个环节的涉税风险防范与减税技巧。通过列举 63 个典型控税实践案例和数百个法律文件，本书为纳税人提供了丰富的参考依据和实践指导。

值得注意的是，随着金税四期的深入推进，税务执法的规范性、税费服务的便捷性以及税务监管的精准性将不断提升。2023 年，税务部门已基本建成"无风险不打扰、有违法要追究、全过程强智控"的税务执法新体系；到 2025 年，深化税收征管制度改革取得显著成效，基本建成功能强大的智慧税务，形成国内一流的智能化行政应用系统。这一系列改革措施将为企业提供更加稳定、可预期的税务环境，同时也对企业的涉税管理提出了更高的要求。

本书的特点主要体现在以下几个方面：

系统全面：以企业生命线为线索，关注整个运营环节，全面深入地介绍了各生产运营阶段的税费缴纳与减税技巧。

基于实践：以分析实践案例为基础，在税收政策规定范围内开展减税筹划，具有很强的实用性和可操作性。

通俗易懂：注重在减税技巧上的阐述和操作步骤上的介绍，不深究相应的理论基础，让纳税人一看就懂。

规范合法：介绍的减税技巧方案完全是在法律允许的范围内，不会违反法律规定。

四、使用本书的注意事项

虽然本书提供了丰富的减税技巧案例和法律文件，但个案毕竟具有特殊性。因此，读者在学习和应用本书内容时，应充分考虑企业所处的阶段、国家税收政策的时效性以及企业开展的相关业务等因素，避免轻率模仿。同时,随着金税四期的深入推进和税务环境的不断变化,纳税人应密切关注税收政策的更新和变化,确保纳税筹划的合法性和有效性。对于重大涉税问题,建议聘请专业人员指导,以确保纳税筹划的准确性和合规性。在书稿交付出版社之际,我们对全书涉及的税率,按照最新的法规及政策要求,做了实时更新。

五、结语

税务筹划作为一门专业学科,具有一定的技巧性和专业性。本书作为先行探索者的实践总结,虽然已尽力做到全面、实用和精准,但仍难免存在疏漏。希望读者在阅读过程中提出宝贵意见,共同推动税务筹划学科的完善和发展。同时,也希望本书能为企业的涉税风险防范与减税筹划提供有力的支持和指导,助力企业在复杂多变的市场环境中稳健前行。

CONTENTS 目 录

前 言

第一章 合同基本要素与纳税规划 /1

第一节 基本合同条款签订技巧与纳税规划 /1

一、合同主体不同,税款缴纳便不同 /1
案例1:投资主体不同,取得分红纳税便不同 /2
案例2:销售主体的性质不同,增值税缴纳便不同 /6

二、合同标的描述不同,税款缴纳有差异 /9
案例3:销售的是软件还是设备,标的不同纳税有差异 /10
案例4:销售的是废旧物资还是固定资产,标的不同纳税有差异 /12

三、合同项目条款,描述方式不同,税款缴纳有差异 /15
案例5:不同服务项目,描述方式不同,税款缴纳有差异 /16

第二节 合同金额及付款条款签订技巧与纳税规划 /19

一、合同金额条款,描述方式不同,纳税有差异 /19
案例6:单价合同、总价合同,形式不同,纳税有差异 /19

案例7：价税分离，可节省"印花税" /23

案例8：金额描述"主次"要分清，否则纳税有差异 /24

二、合同付款条款不会写，纳税时间有差异 /26

案例9：付款时间描述不同，纳税时间有差异 /26

案例10：直接收款、分期收款，收款方式不同，纳税时间有差异 /28

三、合同定金、订金，一字之差，纳税差异巨大 /31

案例11：定金、订金、意向金、诚意金，别随意写，和纳税有关 /32

第三节　含税合同及剔税合同签订技巧与纳税规划 /36

一、不会签订剔税合同，税金无法列支成本 /36

案例12：不含税合同，税金一定要在合同中体现，否则税金无法进成本 /36

案例13：不同税款承担方式，纳税有差异 /39

二、包税合同，当心税费"等于"变相加价 /44

案例14：合同中的包税条款，税务局与法院判定不同 /45

第二章　借贷合同签订技巧与纳税规划 /57

第一节　企业借款合同签订技巧与纳税规划 /57

一、企业签订借款合同，表现形式不同，纳税有差异 /57

案例15：关联企业间融通资金，业务表述合理，可享税收优惠 /57

二、无偿借款合同，存在哪些涉税风险？如何防范 /60

案例16：企业借款"给员工、给他人"，纳税有差异 /60

第二节　担保贷款合同签订技巧与纳税规划 /62

一、明股实债合同，改变合同形式，将改变税款缴纳 /62

案例17：同样是借款合同，形式一变，纳税全变 /62

二、抵债合同，流程错了，税费就产生了 / 65

案例18：到底是以物抵债还是债务转移？流程一变，税费便改变 / 66

三、担保合同暗含义气，潜藏税费 / 69

案例19：担保合同，需要关注税费 / 70

四、抵押合同，资产过户税费高，处理恰当，能实现节税 / 72

案例20：抵押合同与资产过户的纳税义务究竟由谁承担 / 72

第三章　促销合同签订策略与纳税规划 / 77

第一节　有偿赠送合同签订策略与纳税规划 / 77

一、签促销合同，一定要关注税费 / 77

案例21：营销活动赠送礼品有技巧，形式不同纳税便不同 / 77

二、"购房"送"家电"，别忘了税费成本 / 80

案例22：房地产公司促销活动，赠送礼品有技巧 / 80

第二节　无偿赠送合同签订策略与纳税规划 / 82

一、赠予合同不要忽视税费，白送也得交税 / 82

案例23：无偿赠送，不可忽视税费 / 82

二、商超入驻合同，优化合同签订，可实现降税 / 84

案例24：销售返利给付形式不同，纳税有差异 / 84

三、促销返券，财务处理方式不同，税费缴纳有差异 / 86

案例25：返券促销，账务处理不同，纳税有差异 / 87

第四章　股权投资合同签订方式与纳税规划 / 90

第一节　股权转让合同签订方式与纳税规划 / 90

一、股权转让合同，流程不同，税款缴纳有差异 / 90

案例26：股权转让，流程影响税款 /90

二、股权代持协议只能自个儿看，基本不被认可为税款计算依据 /92

案例27：代持股收回方法对了，税便省了 /93

第二节 对赌与跟投合同签订方式与纳税规划 /98

一、"对赌协议"对赌的是效益，陪跑的是税款 /98

案例28：对赌协议是一门艺术，用好了是致富的渠道 /98

二、项目跟投协议如何签订，税负最低 /102

案例29：员工项目跟投激励、跟投形式对税负的影响不容忽视 /102

三、出资协议用好了，节税效果便有了 /111

案例30：用"借款"替代"注册资本"，可实现节税 /111

第五章 中介合同签订方法与风险防范 /117

第一节 居间合同签订方法与风险防范 /117

一、阴阳合同不能签，当心赔了夫人又折兵 /117

案例31：范某某、郑某某签"阴阳合同"付出的代价太大 /117

二、居间合同不会签，税款缴纳成倍翻 /121

案例32：居间合同以"个人"还是以"公司"名义签订？纳税有差异 /121

第二节 委托与代理合同签订方法与风险防范 /124

一、签订委托合同，一定要重点关注税款 /124

案例33：是"委托销售"还是"居间服务"，纳税有差异 /124

案例34：盈科行公司、琴湖公司商品房委托代理销售合同纠纷（（2020）赣民再88号）启示 /127

二、业务代理合同，优化合同签订，可实现降税 /131

案例35：销售变委托，税款缴纳立刻改变 /132

案例36：销售变经纪，税款缴纳立刻改变 /133

第六章 租赁合同签订技巧与税费缴纳增减 /136

第一节 融资租赁合同签订技巧与税费缴纳增减 /136

一、融资租赁合同，税费缴纳考验专业水准 /136

案例37：融资租赁合同执行，能精准纳税与核算便是专业 /136

二、免租合同、无租合同，描述不同，纳税有差异 /146

案例38：删除"免租期"，可实现房产税节税 /146

三、租赁合同，变换方式，可实现节税 /148

案例39：增加"二房东"可实现房产税节税 /149

案例40：掌握物业费特性，可实现房产税节税 /150

第二节 不动产租赁合同签订技巧与税费缴纳增减 /152

一、售后返租合同签订形式不同，纳税便不同 /152

案例41：售后返租，租赁对象影响税费 /152

二、仓储租赁合同不会签，税费便翻番 /154

案例42：是"仓储"还是"租赁"，性质影响税费 /154

三、机械租赁合同，优化合同签订，可实现节税 /155

案例43：机械"加"人与"不加"人，对税费的影响 /156

第七章 服务合同签订策略与节税思考 /159

第一节 安装服务合同签订策略与节税思考 /159

一、货物安装合同，优化合同签订，可实现节税 /159

案例44：产品安装描述不同，税款缴纳有差异 /160

二、设备安装合同，优化合同签订，可实现节税 / 161

案例45：机器设备"安装"服务单独列，可享受税收优惠 / 162

第二节 广告服务合同签订策略与节税思考 / 163

一、广告投放找谁签合同？如何签？有技巧 / 163

案例46：广告投放至"电视、广播、公交、电梯"，渠道影响税费 / 163

二、广告服务合同项目写清楚，可享受税收优惠 / 165

案例47：广告"设计、策划、制作、发布"，性质影响税费 / 165

第三节 劳务服务合同签订策略与节税思考 / 168

一、咨询合同的上门交通费谁来买单，合同签订有技巧 / 168

案例48：咨询合同"少收钱"比"多收钱"划算 / 168

二、劳务派遣合同，费用支付方式不同，纳税有差异 / 170

案例49：劳务费"间接支付"与"直接支付"对税款缴纳的影响 / 170

第四节 建筑服务合同签订策略与节税思考 / 172

一、施工合同计税方法选对了，纳税便轻松了 / 172

案例50：建筑企业"计税方法"选择有技巧 / 172

二、承包经营、承租经营，纳税有差异 / 174

案例51：经营形式不同，纳税便不同 / 174

三、探索"挂靠经营"替代方案，确保经营合规合法 / 180

案例52：探索"挂靠经营"替代方案 / 180

四、绿化工程合同形式不同，纳税有差异 / 183

案例53：优化绿化工程合同签订方式，可享受税收优惠 / 183

五、"EPC项目"合同描述不同，纳税有差异 / 185

案例54：千万别把"EPC项目"的税交多了 / 185

第八章　特殊合同签订策略与节税思考 / 188

第一节　企业买卖战略合同签订策略与节税思考 / 188

获取建筑"资质"要合规合法 / 188

案例55：是"股权转让"还是"资质买卖"，全是套路 / 188

第二节　土地买卖战略合同签订策略与节税思考 / 191

一、土地返还款是购地合同纳税策划的"杠杆" / 191

案例56：不同项目"土地返还"，纳税有差异 / 191

二、土地转让合同，形式不同，纳税便不同 / 194

案例57：土地"划转、分立、投资"，哪个缴税最少 / 195

三、拆迁协议不会签，影响税款缴纳 / 206

案例58：是"买卖"还是"置换"，纳税有差异 / 206

第三节　企业重组战略合同签订战略与节税思考 / 208

一、置换合同这样签订，能实现节税 / 208

案例59："股权置换"（自然人股东），税务负担重 / 208

案例60："股权置换"（法人股东），纳税有优惠 / 211

案例61："房地产置换"，政府征税优惠大 / 213

二、企业分立协议，税费影响决策 / 216

案例62：企业通过分立实现"资产剥离"，税费是关键 / 216

三、公司亏损时别随便注销，关键时候派上大用场 / 223

案例63：利用亏损公司实现节税 / 223

52招总览 / 227

第一章 合同基本要素与纳税规划

第一节 基本合同条款签订技巧与纳税规划

一、合同主体不同，税款缴纳便不同

说到合同签订，我想对于大多数人来说都不陌生，可是如果要问你哪些业务适合什么公司签？哪些业务不适合什么公司签？你也许就不知道了。

下面分析一下不同合同主体的选择技巧。

案例1：投资主体不同，取得分红纳税便不同

案例背景

张三准备向中税优财①集团进行股权投资，那么张三以个人名义进行投资，还是以公司名义进行投资划算呢？

税法小知识

（1）根据《中华人民共和国企业所得税法》第二十六条规定：企业的下列收入为免税收入：（二）符合条件的居民企业之间的股息、红利等权益性投资收益。

（2）根据《中华人民共和国企业所得税法实施条例》第八十三条规定：企业所得税法第二十六条第（二）项所称符合条件的居民企业之间的股息、红利等权益性投资收益，是指居民企业直接投资于其他居民企业取得的投资收益。企业所得税法第二十六条第（二）项和第（三）项所称股息、红利等权益性投资收益，不包括连续持有居民企业公开发行并上市流通的股票不足12个月取得的投资收益。

（3）根据《国家税务总局关于〈关于个人独资企业和合伙企业投资者征收个人所得税的规定〉执行口径的通知》（国税函〔2001〕84号）第二条规定：个人独资企业和合伙企业对外投资分回的利息或者股息、红利，不并入企业的收入，而应单独作为投资者个人取得的利息、股息、红利所得，按"利息、股息、红利所得"应税项目计算缴纳个人所得税。以合伙企业名义对外投资分回利息或者股息、红利的，应按《通知》所附规定的第五条精神确定各个投资者的利息、

---

① 此为本书虚拟公司名称。

股息、红利所得，分别按"利息、股息、红利所得"应税项目计算缴纳个人所得税。

（4）根据《财政部 国家税务总局 证监会关于个人转让上市公司限售股所得征收个人所得税有关问题的通知》（财税〔2009〕167号）第一条规定：自2010年1月1日起，对个人转让限售股取得的所得，按照"财产转让所得"，适用20%的比例税率征收个人所得税。

控税分析

（1）如果中税优财集团的股东属于法人股东，法人股东从被投资企业取得的分红是免征企业所得税的。

（2）如果中税优财集团的股东属于自然人股东，自然人股东从被投资企业取得的分红需要缴纳20%的个人所得税。

（3）如果中税优财集团的股东属于个人独资企业，个人独资企业股东从被投资企业取得的分红需要按"利息、股息、红利所得"缴纳20%的个人所得税。

（4）如果中税优财集团的股东属于合伙企业，合伙企业自然人合伙人从被投资企业取得的分红需要按"利息、股息、红利所得"缴纳20%的个人所得税。

（5）如果中税优财集团的股东属于法人合伙人，法人合伙人从被投资企业取得的分红由于不是直接投资，而且也不是居民企业之间的股息、红利等权益性投资收益，因此法人合伙人从合伙企业取得的分红不属于居民企业之间的股息、红利所得，不能免征企业所得税。

通过以上分析，如果中税优财集团未来有可能上市的话，那么，站在税收的角度，张三以自然人的名义进行投资是比较有利的，因为上市后，对个人转让限售股取得的所得，按照"财产转让所得"，适用20%的比例税率征收个人所得税。与以有限公司、个人独资企业、合伙企业名义投资相比，以自然人的名义进行投资所取得的财产转让所得，税负最低。

如果中税优财集团未来没有上市计划，那么，张三以有限公司的名义投资相对来说最有利。

下面具体从不同的投资主体来做进一步分析：

（1）当投资主体为"自然人"时（不考虑境外个人投资者）：自然人取得的分红属于利息、股息、红利所得，按20%的税率缴纳个人所得税。

例如：小张作为自然人投资了一家企业，企业盈利后向小张分配了10万元分红，小张需缴纳个人所得税 $10 \times 20\% = 2$（万元）。

（2）当投资主体为"有限公司"时：居民企业之间的股息、红利等权益性投资收益为免税收入，若为股票投资，则需满足连续持有居民企业公开发行并上市流通的股票满12个月以上的条件。若不满足该条件，则需缴纳企业所得税。

例如：A有限公司投资了B有限公司，若满足上述条件，A有限公司取得的分红无须缴纳企业所得税；若不满足上述条件，假设A有限公司取得分红50万元，企业所得税税率为25%，则可能需缴纳企业所得税 $50 \times 25\% = 12.5$（万元），实际情况可能因企业的其他因素而有所不同。

（3）当投资主体为"个人独资企业"时：个人独资企业对外投资

分回的利息、股息、红利，不并入企业的收入，单独作为投资者个人取得的利息、股息、红利所得，按"利息、股息、红利所得"应税项目计算缴纳个人所得税，适用20%的比例税率。

例如：小王的个人独资企业A对外投资某公司，年底分回股息8万元。这8万元不与企业的其他经营收入合并，小王需就这8万元按照20%的税率缴纳个人所得税，即应纳税额为8×20%=1.6（万元）。

（4）当投资主体为"合伙企业"时：

1）自然人合伙人。

合伙企业对外投资分回的利息、股息、红利，对于自然人合伙人而言，不并入合伙企业的收入，单独作为自然人合伙人个人取得的利息、股息、红利所得，按"利息、股息、红利所得"应税项目计算缴纳个人所得税，税率为20%。

例如：小张、小李和小赵三人投资成立合伙企业B，B对外投资分回股息20万元。合伙协议约定小张、小李、小赵的分配比例为4∶3∶3，则小张应分得股息为20×40%=8（万元），小张需就这8万元按照20%的税率缴纳个人所得税，应纳税额为8×20%=1.6（万元）。同理，小李和小赵应分别就各自分得的股息依法纳税。

2）法人合伙人。

法人合伙人从合伙企业取得的对外投资分回的利息、股息、红利，不适用个人所得税相关规定，应并入法人合伙人企业的应纳税所得额，按照企业所得税的规定计算缴纳企业所得税。

例如：合伙企业C有法人合伙人甲公司，C对外投资分回股息30万元。甲公司将这30万元股息并入本企业应纳税所得额，假设甲公司企业所得税税率为25%，且该股息使甲公司应纳税所得额增加30万元，则甲公司需缴纳企业所得税30×25%=7.5（万元）。

案例2：销售主体的性质不同，增值税缴纳便不同

案例背景

门窗生产企业A和建筑安装企业B，同时向房地产公司C投标门窗安装工程（安装工程为包工包料），房地产公司C与A、B两企业在签订合同时，未来所获得的增值税发票所适用的税率是否会有差异？

税法小知识

（1）根据《国家税务总局关于进一步明确营改增有关征管问题的公告》（国家税务总局公告2017年第11号）第一条规定：纳税人销售活动板房、机器设备、钢结构件等自产货物的同时提供建筑、安装服务，不属于《营业税改征增值税试点实施办法》（财税〔2016〕36号文件印发）第四十条规定的混合销售，应分别核算货物和建筑服务的销售额，分别适用不同的税率或者征收率。

（2）根据《营业税改征增值税试点实施办法》（财税〔2016〕36号文件印发）第四十条规定：一项销售行为如果既涉及服务又涉及货物，为混合销售。从事货物的生产、批发或者零售的单位和个体工商户的混合销售行为，按照销售货物缴纳增值税；其他单位和个体工商户的混合销售行为，按照销售服务缴纳增值税。

（3）根据《财政部 国家税务总局关于部分货物适用增值税低税率和简易办法征收增值税政策的通知》（财税〔2009〕9号）第二条

第（三）项规定：一般纳税人销售自产的下列货物，可选择按照简易办法依照6%征收率计算缴纳增值税：

……

2.建筑用和生产建筑材料所用的砂、土、石料。

……

（4）根据《财政部 国家税务总局关于简并增值税征收率政策的通知》（财税〔2014〕57号）第二条规定：财税〔2009〕9号文件第二条第（三）项和第三条"依照6%征收率"调整为"依照3%征收率"。

控税分析

门窗生产企业A的主营业务为门窗生产，辅助业务为门窗安装，销售出去的门窗包含安装，如果在合同签订中未将安装部分单独列支，则A应该按货物销售，适用13%增值税税率，如果在合同签订中将安装部分单独列支并在财务核算中与货物销售分开核算，则A应按货物销售与安装服务，分别适用不同的税率或者征收率，门窗销售适用13%增值税税率，门窗安装适用3%增值税征收率。

建筑安装企业B的主营业务为建筑服务，其承揽的建筑安装工程，由于是包工包料，适用9%增值税税率。

另外，与之类似的还有建筑用和生产建筑材料所用的砂、土、石料的销售业务。

一般纳税人销售自产的建筑用和生产建筑材料所用的砂、土、石料可以选择按照简易办法依照3%征收率计算缴纳增值税。一般纳税人销售外购的砂石料，按照13%的税率缴纳增值税。也就是说，销售的主体属于商贸性质的,不得选择简易计税。销售的主体属于生产性质的,可以选择简易计税。自产货物是指生产企业购进原、辅材料,经过本企业加工生产或委托加工生产的货物。一般纳税人企业外购石材,经过本企业加工生产的砂石料属于本企业自产的货物,销售该类货物可以选择按照简易办法依照3%征收率计算缴纳增值税。一般纳税人企业外购砂石料,不经加工,直接转销给客户,则不应该适用上述政策,即不能选择按照简易办法依照3%征收率计算缴纳增值税,而应该按照一般计税方法依照13%的税率计算缴纳增值税。

1.房地产公司C与门窗生产企业A合同签订的情况

(1)若未将安装部分单独列支。

此时,门窗生产企业将按照货物销售处理,适用13%的增值税税率。

例如,房地产公司C与门窗生产企业A签订了一份金额为100万元(不含税)的合同,且未单独列出安装费用。在这种情况下,A需依据13%的税率缴纳增值税,其销项税为$100 \times 13\% = 13$(万元)。

(2)若将安装部分单独列支并与货物销售分别核算。

门窗销售部分适用13%的增值税税率,门窗安装服务适用3%的增值税征收率。假设合同中门窗的销售额为80万元(不含税),安装费用为20万元(不含税)。那么,门窗销售部分的销项税为$80 \times 13\% = 10.4$(万元);门窗安装部分的销项税为$20 \times 3\% = 0.6$(万元),总计销项税为$10.4 + 0.6 = 11$(万元)。

2.房地产公司C与建筑安装企业B合同签订的情况

建筑安装企业承揽包工包料的建筑安装工程时,适用9%的增值税税率。

例如，房地产公司C与建筑安装企业B签订了一份合同金额为150万元（不含税）的合同。在这种情况下，B的销项税为150×9%=13.5（万元）。

3. 销售建筑用和生产建筑材料所用的砂、土、石料的情况

（1）一般纳税人销售自产的建筑用和生产建筑材料所用的砂、土、石料。

可以选择按照简易办法，依照3%的征收率计算缴纳增值税。假设某生产企业销售自产砂石料的收入为50万元（不含税），其销项税为50×3%=1.5（万元）。

（2）一般纳税人销售外购的砂石料。

需按照13%缴纳增值税。若某商贸企业销售外购砂石料的收入为60万元（不含税），其销项税为60×13%=7.8（万元）。

综上所述，房地产公司在与不同性质的企业签订合同时，未来所获得的增值税发票所适用的税率确实存在差异。企业应根据自身业务性质以及合同签订方式，准确计算并缴纳增值税。同时，房地产公司也应充分了解不同合同下的税费影响，以便做出更为合理的决策。

二、合同标的描述不同，税款缴纳有差异

有一些高新技术企业，生产的产品都具有一定的技术含量，然而，由于企业对国家税收政策把控不全，本来应该享受的税收优惠却没有精准享受。

下面通过具体案例详细介绍合同标的该如何适当描述。

案例3：销售的是软件还是设备，标的不同纳税有差异

案例背景

中税优财科技公司2024年12月生产了一台数控机床，机床控制系统有嵌入式软件产品与计算机硬件，数控机床不含税销售额合计100万元。

计算机硬件、数控机床成本54.55万元。当期购进材料取得进项税额9万元（用于计算机硬件、数控机床的材料的进项税额7万元，其他共用于硬件和软件的材料的进项税额2万元）。

税法小知识

根据《财政部 国家税务总局关于软件产品增值税政策的通知》（财税〔2011〕100号）第四条规定：

（一）软件产品增值税即征即退税额的计算方法：

即征即退税额 = 当期软件产品增值税应纳税额 − 当期软件产品销售额 × 3%

当期软件产品增值税应纳税额 = 当期软件产品销项税额 − 当期软件产品可抵扣进项税额

当期软件产品销项税额 = 当期软件产品销售额 × 13%

（二）嵌入式软件产品增值税即征即退税额的计算：

1. 嵌入式软件产品增值税即征即退税额的计算方法

即征即退税额 = 当期嵌入式软件产品增值税应纳税额 − 当期嵌

入式软件产品销售额×3%

当期嵌入式软件产品增值税应纳税额＝当期嵌入式软件产品销项税额－当期嵌入式软件产品可抵扣进项税额

当期嵌入式软件产品销项税额＝当期嵌入式软件产品销售额×13%

2. 当期嵌入式软件产品销售额的计算公式

当期嵌入式软件产品销售额＝当期嵌入式软件产品与计算机硬件、机器设备销售额合计－当期计算机硬件、机器设备销售额

计算机硬件、机器设备销售额按照下列顺序确定：

①按纳税人最近同期同类货物的平均销售价格计算确定；

②按其他纳税人最近同期同类货物的平均销售价格计算确定；

③按计算机硬件、机器设备组成计税价格计算确定。

计算机硬件、机器设备组成计税价格＝计算机硬件、机器设备成本×（1+10%）。

控税分析

（1）中税优财科技公司如果单纯地把这台机床看成一台机器设备的话，那么它就该项业务应缴纳增值税：100×13%-9=4（万元）。

（2）如果中税优财科技公司能够清晰地划分出哪部分是软件，哪部分是机器，那么结果就不一样了，公司可以享受国家嵌入式软件即征即退政策。

计算机硬件、机器设备销售额。

计算机硬件、机器设备组成计税价格＝计算机硬件、机器设备成本×（1+10%）＝54.55×1.1≈60（万元）。

软件销售额。

当期嵌入式软件产品销售额＝当期嵌入式软件产品与计算机硬件、机器设备销售额合计－当期计算机硬件、机器设备销售额＝100-60=40（万元）。

当期嵌入式软件产品增值税应纳税额＝当期嵌入式软件产品销项税额－当期嵌入式软件产品可抵扣进项税额=40×13%-2=3.2（万元）。

即征即退税额＝当期嵌入式软件产品增值税应纳税额－当期嵌入式软件产品销售额×3%=3.2-40×3%=2万元。

通过结合国家税收政策分析以上案例可知，如果中税优财科技公司能够分别核算嵌入式软件产品与计算机硬件、机器设备部分的成本，那么，它可享受增值税即征即退政策，极大地节约了税务成本。

同时，如果企业能够在销售过程中明确区分出软件产品、机器设备的销售额，那就更有利于减税筹划。

案例4：销售的是废旧物资还是固定资产，标的不同纳税有差异

企业在生产经营过程中，难免会有一些年代久远的资产需要进行处理，包括固定资产、材料、废旧物资等。

那么，对于不同表现形式的资产，在对外销售时，其税率有何差异呢？

案例背景

中税优财运输公司2015年购入一台运输车，2024年公司准备将这台运输车进行报废，在处理过程中，发现该车的集装箱还有八成

新,于是先将集装箱对外进行了单独处理,而后再将车辆进行报废。

那么,公司在处理集装箱时,是属于处理固定资产还是属于处理配件呢?如何纳税呢?

税法小知识

(1)根据《财政部 国家税务总局关于部分货物适用增值税低税率和简易办法征收增值税政策的通知》(财税〔2009〕9号)第二条的规定:下列按简易办法征收增值税的优惠政策继续执行,不得抵扣进项税额:

(一)纳税人销售自己使用过的物品,按下列政策执行:

1.一般纳税人销售自己使用过的属于条例第十条规定不得抵扣且未抵扣进项税额的固定资产,按简易办法依4%征收率减半征收增值税。

一般纳税人销售自己使用过的其他固定资产,按照《财政部 国家税务总局关于全国实施增值税转型改革若干问题的通知》(财税〔2008〕170号)第四条的规定执行。

一般纳税人销售自己使用过的除固定资产以外的物品,应当按照适用税率征收增值税。

2.小规模纳税人(除其他个人外,下同)销售自己使用过的固定资产,减按2%征收率征收增值税。

小规模纳税人销售自己使用过的除固定资产以外的物品,应按3%的征收率征收增值税。

(2)根据《国家税务总局关于营业税改征增值税试点期间有关增值税问题的公告》(国家税务总局公告2015年第90号)第二条的规

定：纳税人销售自己使用过的固定资产，适用简易办法依照3%征收率减按2%征收增值税政策的，可以放弃减税，按照简易办法依照3%征收率缴纳增值税，并可以开具增值税专用发票。

控税分析

通过对以上政策的分析我们发现，公司在销售资产时，资产不同的表现形式影响适用的增值税税率。

2016年5月1日以前（具体按营改增分税目、分地区试点进程有所差异），未纳入扩大增值税抵扣范围试点的纳税人，销售自己使用过的2016年5月1日以前购进或者自制的固定资产，按照3%征收率减按2%征收增值税。

销售自己使用过的2016年5月1日以后购进或者自制的固定资产，按照适用税率征收增值税。

1. 判断是处理固定资产还是配件

如果将集装箱视为运输车辆不可分割的组成部分，通常在购买运输车辆时一并计入固定资产成本，且在车辆使用过程中与车辆整体作为一个固定资产进行管理和核算，那么在这种情况下，单独处理集装箱应视为处理固定资产的一部分。

如果在公司的资产管理中，集装箱是可以与运输车辆分离的独立配件，并且单独进行核算，那么处理集装箱可视为处理配件。

2. 纳税情况分析

（1）假设处理集装箱被视为处理固定资产。

如果运输车辆是在2016年5月1日以前购进，且纳税人未纳入扩大增值税抵扣范围试点,那么按照3%征收率减按2%征收增值税。

例如,集装箱销售价格为10万元(不含税),应纳税额为100 000÷(1+3%)×2%≈1941.75(元)。

如果公司选择放弃减税,按照简易办法依照3%征收率缴纳增值税,并可以开具增值税专用发票。此时应纳税额为100 000÷(1+3%)×3%≈2912.62(元)。

如果运输车辆是在2016年5月1日以后购进或者自制的固定资产,则按照适用税率征收增值税。假设适用税率为13%,则销项税额为100 000÷(1+13%)×13%≈11 504.42(元)。

(2)假设处理集装箱被视为处理配件。

如果中税优财运输公司是一般纳税人,那么销售集装箱应当按照适用税率缴纳增值税。假设适用税率为13%。

例如,销售价格为10万元(不含税),销项税额为100 000÷(1+13%)×13%≈11 504.42(元)。

如果中税优财运输公司是小规模纳税人,销售集装箱应按3%的征收率缴纳增值税。应纳税额为100 000÷(1+3%)×3%≈2912.62(元)。

综上所述,中税优财运输公司在处理集装箱时,需要根据集装箱在公司资产管理中的性质判断处理集装箱是属于处理固定资产还是配件,进而确定不同的纳税方式。

三、合同项目条款,描述方式不同,税款缴纳有差异

企业在生产经营过程中,经常会签订一些一揽子合同,或者叫捆绑合同,比如说销售空调包安装、销售设备包仓储等。

那么，当合同中包含多项服务，在印花税的缴纳上有何区别呢？如何实现减税？

案例5：不同服务项目，描述方式不同，税款缴纳有差异

案例背景

中税优财集团主要从事大众商品销售，由于大众商品市场价格波动较大，为了防止价格波动，很多客户在购买了大众商品后，并不一定会及时提货，商品仍然会存放在中税优财集团仓库，中税优财集团对此也会收取客户一定的仓储服务费。

2024年11月中税优财集团与丰达公司签订了一项物资销售合同，合同销售金额为950万元（不含税），预计三个月后提货，仓储服务费为60万元（不含税），最后在合同谈判过程中，双方约定合同总价金额1000万元（不含税）包送货、包仓储。

那么，在合同签订过程中，对于存在不同服务项目的一揽子合同，印花税如何缴纳？有何控税策略？

税法小知识

（1）根据《中华人民共和国印花税法》第九条规定：同一应税凭证载有两个以上税目事项并分别列明金额的，按照各自适用的税目税率分别计算应纳税额；未分别列明金额的，从高适用税率。

（2）根据《中华人民共和国印花税法》附印花税税目税率表（表1-1）如下：

表 1-1　印花税税目税率表

税目		税率	备注
合同（指书面合同）	借款合同	借款金额的万分之零点五	指银行业金融机构、经国务院银行业监督管理机构批准设立的其他金融机构与借款人（不包括同业拆借）的借款合同
	融资租赁合同	租金的万分之零点五	
	买卖合同	价款的万分之三	指动产买卖合同（不包括个人书立的动产买卖合同）
	承揽合同	报酬的万分之三	
	建设工程合同	价款的万分之三	
	运输合同	运输费用的万分之三	指货运合同和多式联运合同（不包括管道运输合同）
	技术合同	价款、报酬或者使用费的万分之三	不包括专利权、专有技术使用权转让书据
	租赁合同	租金的千分之一	
	保管合同	保管费的千分之一	
	仓储合同	仓储费的千分之一	
	财产保险合同	保险费的千分之一	不包括再保险合同

控税分析

通过对以上案例及相关政策的解析可以发现，印花税根据税目和规定税率计算缴纳，不同税目所适用的税率不一样。

1.印花税缴纳情况对比

（1）分别列示合同金额时。

若销售金额950万元（不含税）与仓储服务费60万元（不含税）

在合同中分别列示。

销售部分适用买卖合同的印花税税率，目前为价款的万分之三，则销售部分应缴纳印花税为 9 500 000×0.03%=2850（元）。

仓储服务部分适用仓储合同的印花税税率，为仓储费的千分之一，则仓储服务部分应缴纳印花税为 600 000×0.1%=600（元）。

总计应缴纳印花税为 2850+600=3450（元）。

（2）约定一揽子合同总价为 1000 万元（不含税）时。

由于未分别列明销售金额与仓储服务费金额，根据政策应从高适用税率。

若从高适用仓储合同的千分之一的税率，则应缴纳印花税为 10 000 000×0.1%=10 000（元）。

2. 控税建议

（1）分别列示合同金额。

在合同签订时，尽量将不同服务项目的金额分别列示，明确各个税目事项对应的金额。这样可以按照各自适用的税目税率分别计算应纳税额，避免从高适用税率，降低印花税税负。

例如在本案例中，分别列示销售金额和仓储服务费金额，分别计算印花税，相比约定一揽子合同总价可节省印花税支出。

（2）合理划分合同项目。

对于包含多个服务项目的合同，可以考虑将不同性质的服务项目拆分成独立的合同。这样可以更加清晰地确定各个合同的税目和应纳税额，同时也便于进行税务管理和风险控制。

请注意，拆分合同应具有合理的商业目的，避免被税务机关认定为不合理的税务筹划行为。

（3）关注税收政策变化。

印花税政策可能会随着时间和经济环境的变化而调整，企业应密切关注税收政策的动态，及时了解新的法规和优惠政策，以便合理调整合同签订方式和税务筹划策略，降低印花税成本。

总之，对于存在不同服务项目的一揽子合同，企业在合同签订时应充分考虑印花税的影响，通过合理的合同条款设计和税务筹划，降低印花税税负，提高企业的经济效益。

第二节　合同金额及付款条款签订技巧与纳税规划

一、合同金额条款，描述方式不同，纳税有差异

企业在生产经营过程中签订合同时，难免会涉及合同中的金额是否含税，合同是总价合同还是单价合同，不同描述会影响到税款缴纳吗？

案例6：单价合同、总价合同，形式不同，纳税有差异

案例背景

中税优财集团因业务需要，计划采购一批劳保用品，2024年11月与A贸易公司签订了采购合同，合同金额为135万元，约定合同签订后5日内预付定金2万元。劳保用品分批供货，按月结算。

针对以上案例，我们来解决以下问题：

（1）合同金额含增值税与不含增值税，对印花税缴纳有何影响？

（2）如果不是总价合同，而是单价合同，对印花税缴纳有何影响？

（3）合同签订完成以后，如果最后足额执行或未足额执行，对印花税缴纳有何影响？

税法小知识

（1）根据《中华人民共和国印花税法》第五条第（一）项规定：应税合同的计税依据，为合同所列的金额，不包括列明的增值税税款。

（2）根据国家税务总局关于实施《中华人民共和国印花税法》等有关事项的公告（国家税务总局公告2022年第14号）第一条第（二）项规定：应税合同、产权转移书据未列明金额，在后续实际结算时确定金额的，纳税人应当于书立应税合同、产权转移书据的首个纳税申报期申报应税合同、产权转移书据书立情况，在实际结算后下一个纳税申报期，以实际结算金额计算申报缴纳印花税。

（3）根据《财政部 税务总局关于印花税若干事项政策执行口径的公告》（财政部 税务总局公告2022年第22号）第三条第（二）项规定：应税合同、应税产权转移书据所列的金额与实际结算金额不一致，不变更应税凭证所列金额的，以所列金额为计税依据；变更应税凭证所列金额的，以变更后的所列金额为计税依据。已缴纳印花税的应税凭证，变更后所列金额增加的，纳税人应当就增加部分的金额补缴印花税；变更后所列金额减少的，纳税人可以就减少部分的金额向税务机关申请退还或者抵缴印花税。

控税分析

结合以上案例及相关政策,我们分析以下缴税方式。

1.合同金额含增值税与不含增值税对印花税缴纳的影响

(1)若合同金额含增值税(也就是增值税单独列明)。

根据《中华人民共和国印花税法》第五条第(一)项规定,应税合同的计税依据为合同所列的金额,不包括列明的增值税税款。所以在计算印花税时,需将合同金额中的增值税部分剔除,以不含增值税的金额作为计税依据。

例如,合同金额为135万元,如果这是含增值税的金额,假设增值税税率为13%,那么不含税金额为135÷(1+13%)≈119.47(万元),印花税以119.47万元为计税依据。

合同描述为:金额119.47万元、增值税15.53万元。

(2)若合同金额不含增值税(也就是合同不体现增值税)。

直接以合同金额作为印花税的计税依据。

例如,合同明确金额为135万元,印花税就以135万元为计税依据。

2.单价合同对印花税缴纳的影响

(1)合同签订时。

如果合同为单价合同,由于未确定具体的数量,无法确定合同总金额。在这种情况下,纳税人应当于书立应税合同的首个纳税申报期申报应税合同书立情况,但此时无法准确计算印花税的应纳税额。

比如合同仅约定劳保用品单价为每件100元,未明确采购数量,则无法准确计算印花税的应纳税额。

（2）实际结算时。

当确定了实际采购数量后，可计算出合同总金额。以实际结算金额作为印花税的计税依据，在实际结算后的下一个纳税申报期，以实际结算金额计算申报缴纳印花税。

假设实际采购了10 000件劳保用品，合同总金额为1 000 000（=100×10 000）元，则以100万元为计税依据计算印花税。

3. 合同签订完成后执行或未足额执行对印花税缴纳的影响

（1）合同执行金额与合同所列金额一致。

若合同签订后，实际执行金额情况与合同所列金额一致，以合同所列金额为计税依据缴纳印花税，无须进行调整。

例如，合同金额为135万元，实际结算也为135万元，按合同金额计算缴纳印花税。

（2）合同未足额执行且未变更合同所列金额。

如果合同未足额执行，并且未变更合同所列金额，仍以合同原所列金额为计税依据缴纳印花税。

比如合同金额为135万元，实际结算金额为120万元，并且未对合同进行变更，仍以135万元为计税依据缴纳印花税。

（3）合同执行金额与合同所列金额不一致，变更了合同所列金额。

若实际结算金额与合同所列金额不一致，且变更了应税凭证所列金额。

当变更后所列金额增加时，纳税人应当就增加部分的金额补缴印花税。例如合同金额为135万元，实际结算金额为150万元，增加了

15万元，纳税人应就这15万元补缴印花税。

当变更后所列金额减少时，纳税人可以就减少部分的金额向税务机关申请退还或者抵缴印花税。比如合同金额为135万元，实际结算金额为120万元，减少了15万元，纳税人可以就这15万元向税务机关申请退还或抵缴印花税。

案例7：价税分离，可节省"印花税"

案例背景

甲公司向乙公司购买一批特种钢，合同含税总额1.13亿元，比较如下合同约定方式的纳税差异：

方式一：货物总金额为1.13亿元（含税）。

方式二：货物金额为1亿元，增值税金额为0.13亿元，合计1.13亿元。

这两种列示方式在纳税上有什么不同呢？

税法小知识

根据《中华人民共和国印花税法》第五条规定：印花税的计税依据如下：

（一）应税合同的计税依据，为合同所列的金额，不包括列明的增值税税款；

（二）应税产权转移书据的计税依据，为产权转移书据所列的金额，不包括列明的增值税税款；

……

控税分析

根据《中华人民共和国印花税法》第五条规定,无论是应税合同,还是应税产权转移书据,印花税的计税依据均不包括列明的增值税税款。

这里面特别强调的一个关键词就是"列明"。

这个案例中,不同的合同金额描述会得出不同的税款缴纳:

方式一:需要缴纳印花税 11 300×0.03%=3.39(万元),没有列明增值税,那么计算印花税时增值税可能也会作为印花税的计税依据。

方式二:需要缴纳印花税 10 000×0.03%=3(万元),列明了增值税税款,印花税计税依据可以剔除增值税。

方式二相比方式一,节省了 0.39 万元,虽然钱不多,但节省下来的钱属于公司,能够转化为公司的竞争优势。

因此,在合同金额条款中,增值税税款单独列示,可以降低印花税的计税基数,从而节省印花税。

案例8:金额描述"主次"要分清,否则纳税有差异

案例背景

中税优财集团向明达公司出租一处闲置厂房及厂房内机器设备,在合同金额描述上,有两种方式供业务部门参考:

方式一:合同约定总价 1000 万元。

方式二:合同中列明厂房租金 800 万元,机器设备租金 200 万元。

这两种合同金额描述方式,在税款缴纳上有什么差异呢?

税法小知识

（1）根据《中华人民共和国房产税暂行条例》第三条规定：房产税依照房产原值一次减除 10% 至 30% 后的余值计算缴纳。具体减除幅度，由省、自治区、直辖市人民政府规定。没有房产原值作为依据的，由房产所在地税务机关参考同类房产核定。房产出租的，以房产租金收入为房产税的计税依据。

（2）根据《中华人民共和国房产税暂行条例》第四条规定：房产税的税率，依照房产余值计算缴纳的，税率为 1.2%；依照房产租金收入计算缴纳的，税率为 12%。

控税分析

房产税有两种计税方式，一种是"从租计征"（以房产租金收入作为计税依据），一种是"从价计征"（以房产原值一次减除 10% 至 30% 后的余值作为计税依据）。

以上案例是出租的情形，适用从租计征，从租计征的计税依据是房产租金收入，也就意味着不是房产租金的收入是不用缴纳房产税的。

方式一：应纳房产税 1000×12%=120（万元）。

方式二：应纳房产税 800×12%=96（万元）。

第一种方式没有分别列示厂房租金收入和设备租金收入，那么就要按照总的租金收入来计征房产税，第二种方式分别列示了厂房租金收入和设备租金收入，只按厂房租金收入计征房产税，设备租金收入不用缴纳房产税，方式二节省了 24 万元房产税。

二、合同付款条款不会写，纳税时间有差异

我相信每一个企业在与客户签订合同时都非常重视对于合同条款的把控。

下面分析一下合同付款条款的不同描述，对税款缴纳的影响，站在纳税的角度，合同付款条款如何写对企业更有利？

案例9：付款时间描述不同，纳税时间有差异

案例背景

某生产企业2024年11月采取赊销方式销售一台机器设备，合同总金额226万元，其中不含税价款200万元，增值税26万元，合同约定付款条款为：设备到达验收后一周内支付合同金额的30%，安装完成后支付合同金额的60%，6个月后支付合同余款。

企业财务进行会计处理如下：

2024年11月22日，企业发出商品时。

借：发出商品　　226万元

　　贷：库存商品　　226万元

2024年12月15日，企业收到客户30%的合同金额时。

借：银行存款　　67.8万元

　　贷：预收账款　　67.8万元

由于客户经营困难，后续尾款一直未收到，财务未进行账务处理，也未开具发票。

税法小知识

（1）根据《中华人民共和国增值税暂行条例》第十九条规定：增值税纳税义务发生时间：

（一）发生应税销售行为，为收讫销售款项或者取得索取销售款项凭据的当天；先开具发票的，为开具发票的当天。

……

（2）根据《中华人民共和国增值税暂行条例实施细则》第三十八条规定：条例第十九条第一款第（一）项规定的收讫销售款项或者取得索取销售款项凭据的当天，按销售结算方式的不同，具体为：

……

（三）采取赊销和分期收款方式销售货物，为书面合同约定的收款日期的当天，无书面合同的或者书面合同没有约定收款日期的，为货物发出的当天。

……

控税分析

通过对以上政策的分析可知，案例企业在书面合同中没有约定收款日期，则增值税纳税义务发生时间为货物发出的当天。

所谓收款日期一定是具体的×年×月×日，案例企业合同中若有收款日期，则增值税纳税义务发生时间为"收款日期的当天"。

所谓的"当天"一定是非常具体的日期，阶段性（如货到后一周内、安装完成后一周内等）的收款日期，会被视为"没有约定收款日期"。

由此可见，根据上述政策规定，案例企业应在货物发出的当天

（即 2024 年 11 月 22 日）确认增值税纳税义务，缴纳增值税。

案例10：直接收款、分期收款，收款方式不同，纳税时间有差异

一些企业在合同签订时，往往忽略了结算方式，而结算方式不同，纳税义务发生时间也不同。

在直接收款方式下，增值税纳税义务发生时间通常为收到销售款或者取得索取销售款项凭据的当天；而采用分期收款和赊销方式，增值税纳税义务发生时间为书面合同约定的收款日期的当天，若无书面合同或者书面合同未约定收款日期，则为货物发出的当天。因此，通过延长收款时间，能够推迟纳税时间，使企业拥有更多运营资金，减少企业资金占用。

案例背景

恒生医药（高新技术企业，非小微企业）2024 年 3 月 21 日与优财公司签订药物销售合同并在同日发货，该合同的销售总金额为 800 万元（不含税），当天未收到货款。

税法小知识

（1）根据《国家税务总局关于增值税纳税义务发生时间有关问题的公告》（国家税务总局公告 2011 年第 40 号）规定：纳税人生产经营活动中采取直接收款方式销售货物，已将货物移送对方并暂估销售收入入账，但既未取得销售款或取得索取销售款凭据也未开具销售发票的，其增值税纳税义务发生时间为取得销售款或取得索取销售款凭据的当天；先开具发票的，为开具发票的当天。

（2）根据《中华人民共和国增值税暂行条例实施细则》（财政部令第 50 号）规定：

第三十八条　条例第十九条第一款第（一）项规定的收讫销售款项或者取得索取销售款项凭据的当天，按销售结算方式的不同，具体为：

（一）采取直接收款方式销售货物，不论货物是否发出，均为收到销售款或者取得索取销售款凭据的当天；

（二）采取托收承付和委托银行收款方式销售货物，为发出货物并办妥托收手续的当天；

（三）采取赊销和分期收款方式销售货物，为书面合同约定的收款日期的当天，无书面合同的或者书面合同没有约定收款日期的，为货物发出的当天；

（四）采取预收货款方式销售货物，为货物发出的当天，但生产销售生产工期超过 12 个月的大型机械设备、船舶、飞机等货物，为收到预收款或者书面合同约定的收款日期的当天；

（五）委托其他纳税人代销货物，为收到代销单位的代销清单或者收到全部或者部分货款的当天。未收到代销清单及货款的，为发出代销货物满 180 天的当天；

（六）销售应税劳务，为提供劳务同时收讫销售款或者取得索取销售款的凭据的当天；

（七）纳税人发生本细则第四条第（三）项至第（八）项所列视同销售货物行为，为货物移送的当天。

控税分析

1. 直接收款方式

采取直接收款的结算方式，产品已经全部发出，预计该笔业务的毛利率为20%，则该笔业务的纳税情况如下（不考虑附加税）：

恒生医药应纳增值税金额为 800×13%=104（万元）。

恒生医药销售利润金额为 800×20%=160（万元）。

恒生医药应纳企业所得税金额为 160×15%=24（万元）。

恒生医药应纳税金额共计 104+24=128（万元）。

采用直接收款方式，纳税义务发生时间较早，即在货物发出后，企业就需要确认增值税和企业所得税纳税义务。这种方式虽然操作相对简单，但企业的资金流压力较大。在该方案下，企业需缴纳增值税104万元和企业所得税24万元，共计128万元。这意味着企业的资金被早早占用，可能影响企业的资金周转和其他经营活动的开展。

2. 分期收款方式

假设恒生医药选择分期收款的方式，约定2024年3月21日收取货款的50%后，出库药品，剩余50%在2025年3月21日收取，则在筹划后的结算方式下，该笔业务的纳税情况如下：

2024年恒生医药应纳增值税金额为 800×50%×13%=52（万元）。

2024年恒生医药销售利润金额为 800×50%×20%=80（万元）。

2024年恒生医药应纳企业所得税金额为 80×15%=12（万元）。

2025年恒生医药应纳增值税金额为 800×50%×13%=52（万元）。

2025年恒生医药销售利润金额为 800×50%×20%=80（万元）。

2025 年恒生医药应纳企业所得税金额为 80×15%=12（万元）。

可递延至 2025 年缴纳的税款共计 52+12=64（万元）。

考虑投资回报率为 5% 时的复利现值系数为 0.9524，则恒生医药应纳税额现值为 64+64×0.9524=124.95（万元）。

选择分期收款方式，企业可以将纳税义务合理延后。根据政策规定，在分期收款的情况下，如果有书面合同，增值税和企业所得税的纳税义务发生时间为书面合同约定的收款日期的当天。在本案例中，2024 年企业只需先缴纳一半的增值税和企业所得税，共计 64 万元，另一半可递延至 2025 年缴纳。同时，考虑到货币的时间价值，以投资回报率为 5% 时的复利现值系数计算，应纳税额现值为 124.95 万元，低于直接收款方式下的应纳税额。

这种方式的优点在于可以缓解企业的资金压力，使企业有更多的资金用于生产经营和投资活动。不过，企业在运用这种方式时需注意一些问题。

首先，延长收款时间可能影响企业资金周转速度，若应收账款管理不善，还会增加坏账风险。

其次，税务机关严格监管企业纳税行为，企业必须在合法合规的前提下进行纳税筹划，避免因不当操作引发税务风险。

最后，企业还需考虑客户的接受程度，过度延长收款时间可能影响企业与客户的关系和企业的市场竞争力。

三、合同定金、订金，一字之差，纳税差异巨大

企业在生产经营过程中，时常会收取一些所谓的"诚意金、订

金、定金、意向金"等,那么,收到"诚意金、订金、定金、意向金"是否需要纳税呢?

案例11:定金、订金、意向金、诚意金,别随意写,和纳税有关

案例背景

嘉诚房地产开发公司2024年11月开展商品房销售预订,预交1万元诚意金或订金,将来正式签订购房合同时,这1万元诚意金或订金可抵10万元购房款。

税法小知识

(1)根据《国家税务总局关于发布〈房地产开发企业销售自行开发的房地产项目增值税征收管理暂行办法〉的公告》(国家税务总局公告2016年第18号)第十条规定:一般纳税人采取预收款方式销售自行开发的房地产项目,应在收到预收款时按照3%的预征率预缴增值税。

(2)根据《财政部 税务总局关于建筑服务等营改增试点政策的通知》(财税〔2017〕58号)第二条规定:《营业税改征增值税试点实施办法》(财税〔2016〕36号印发)第四十五条第(二)项修改为"纳税人提供租赁服务采取预收款方式的,其纳税义务发生时间为收到预收款的当天"。

(3)根据《中华人民共和国增值税暂行条例实施细则》第三十八条规定:条例第十九条第一款第(一)项规定的收讫销售款项或者取得索取销售款项凭据的当天,按销售结算方式的不同,具体为:

……

（四）采取预收货款方式销售货物，为货物发出的当天，但生产销售生产工期超过12个月的大型机械设备、船舶、飞机等货物，为收到预收款或者书面合同约定的收款日期的当天。

（4）根据《国家税务总局关于营改增后土地增值税若干征管规定的公告》（国家税务总局公告2016年第70号）规定：房地产开发企业采取预收款方式销售自行开发的房地产项目的，可按照以下方法计算土地增值税预征：土地增值税预征的计征依据＝预收款－应预缴增值税税款。

（5）根据《中华人民共和国民法典》第五百八十六条规定：当事人可以约定一方向对方给付定金作为债权的担保。定金合同自实际交付定金时成立。定金的数额由当事人约定；但是，不得超过主合同标的额的百分之二十，超过部分不产生定金的效力……

（6）根据《中华人民共和国民法典》第五百八十七条规定：债务人履行债务的，定金应当抵作价款或者收回。给付定金的一方不履行债务或者履行债务不符合约定，致使不能实现合同目的的，无权请求返还定金；收受定金的一方不履行债务或者履行债务不符合约定，致使不能实现合同目的的，应当双倍返还定金。

（7）根据《中华人民共和国民法典》第五百八十八条规定：当事人既约定违约金，又约定定金的，一方违约时，对方可以选择适用违约金或者定金条款。定金不足以弥补一方违约造成的损失的，对方可以请求赔偿超过定金数额的损失。

（8）根据《最高人民法院关于适用〈中华人民共和国担保法〉若干问题的解释》第一百一十五条规定：当事人约定以交付定金作

为订立主合同担保的，给付定金的一方拒绝订立主合同的，无权要求返还定金；收受定金的一方拒绝订立合同的，应当双倍返还定金。

（9）根据《最高人民法院关于适用〈中华人民共和国担保法〉若干问题的解释》第一百一十八条规定：当事人交付留置金、担保金、保证金、订约金、押金或者订金等，但没有约定定金性质的，当事人主张定金权利的，人民法院不予支持。

控税分析

1. "诚意金、订金、定金"性质解读

诚意金：主要体现为购房意向的表达，不具备法律意义上的担保性质。在实际操作中，诚意金的收取和退还较为灵活，通常不会产生严格的合同义务约束。

订金：一般作为预付款存在，同样不具有明确的担保性质。在交易未能顺利达成时，订金通常可以较为顺利地退还。

定金：依据《中华人民共和国民法典》规定，具有显著的担保性质。当给付定金一方不履行债务或履行不符合约定导致合同目的无法实现时，无权要求返还定金；而收受定金一方若有类似情况，则需双倍返还定金。

2. 关于是否预征税金的分析

（1）诚意金和订金。

鉴于诚意金和订金在法律性质上缺乏担保属性且较为灵活，通常难以被认定为预收款范畴。

根据国家税务总局公告 2016 年第 70 号规定，房地产开发企业以预收款方式销售自行开发的房地产项目时，才会涉及增值税、土地增值税预征。因此，嘉诚房地产开发公司收取的诚意金或订金一般情况下不预征增值税、土地增值税。

（2）定金。

定金虽具有一定担保性质，但在判断是否预征增值税、土地增值税时需具体问题具体分析。

若定金明确作为订立主合同的担保，且符合预收款的定义特征，那么需要按照国家税务总局公告 2016 年第 70 号规定计算预征增值税、土地增值税。

然而，如果定金的收取和退还机制较为宽松，不构成严格意义上的预收款，此时也有可能无须预征增值税、土地增值税。

因此，企业收到定金，可视同收到预收款，根据不同业务特性缴纳税金。

1）销售货物收到定金时，在发出商品时，缴纳增值税。

2）提供租赁服务收到定金时，全额缴纳增值税。

3）销售不动产收到定金时，预缴增值税，同时也预缴土地增值税。

结合上述规定与分析可知，定金、订金、意向金、诚意金中，只有"定金"具有法律约束力，而订金、意向金、诚意金都不具备法律意义上的担保性质，无论当事人是否违约，支付的款项均需返还。

第三节 含税合同及剔税合同签订技巧与纳税规划

一、不会签订剔税合同，税金无法列支成本

企业在生产经营进程中，不管是产品销售、经营服务还是财产转让，签订销售合同实属常见。然而，部分客户常常倾向于签订一些所谓的"税后价格"或"税后金额"合同。

那么，对于付款方企业而言，在支付税后金额之时，应当怎样考量需由企业承担的税负？又该如何防范纳税风险？

案例12：不含税合同，税金一定要在合同中体现，否则税金无法进成本

案例背景

嘉诚公司在某市租赁了一间办公场所，场地所有人A为个人，在与A签订场地租赁合同时，A不同意开具发票，只同意按"税后价"签订合同，也就是说A只认到手的现金为25 000元/月，至于其他的发票与税款问题由嘉诚公司自行去处理。

那么，嘉诚公司在签订该合同时，需要考虑哪些税款？税前金额又是多少？有何涉税风险呢？

税法小知识

（1）根据《国家税务总局关于发布〈纳税人提供不动产经营租赁服务增值税征收管理暂行办法〉的公告》（国家税务总局公告2016年第16号）第四条第（二）项规定：其他个人出租不动产（不含住

房),按照5%的征收率计算应纳税额,向不动产所在地主管税务机关申报纳税。其他个人出租住房,按照5%的征收率减按1.5%计算应纳税额,向不动产所在地主管税务机关申报纳税。

(2)根据《中华人民共和国房产税暂行条例》相关条款规定:

第二条 房产税由产权所有人缴纳……

第三条 房产税依照房产原值一次减除10%至30%后的余值计算缴纳。具体减除幅度,由省、自治区、直辖市人民政府规定。

没有房产原值作为依据的,由房产所在地税务机关参考同类房产核定。

房产出租的,以房产租金收入为房产税的计税依据。

第四条 房产税的税率,依照房产余值计算缴纳的,税率为1.2%;依照房产租金收入计算缴纳的,税率为12%。

(3)根据《中华人民共和国个人所得税法》第三条第(三)项规定:利息、股息、红利所得,财产租赁所得,财产转让所得和偶然所得,适用比例税率,税率为百分之二十。根据《中华人民共和国个人所得税法》第六条第(四)项规定:财产租赁所得,每次收入不超过四千元的,减除费用八百元;四千元以上的,减除百分之二十的费用,其余额为应纳税所得额。

(4)其他相关税费规定:城市维护建设税(税率按地域有7%、5%、1%)、3%的教育费附加、2%的地方教育费附加。

控税分析

（1）税前金额换算。

假设税前租金为 X。

应纳增值税 $=X/(1+5\%)\times 5\%$。

应纳城市维护建设税 $=X/(1+5\%)\times 5\%\times 7\%$。

应纳教育费附加 $=X/(1+5\%)\times 5\%\times 3\%$。

应纳地方教育费附加 $=X/(1+5\%)\times 5\%\times 2\%$。

应纳房产税 $=X/(1+5\%)\times 12\%$。

应纳印花税 $=X/(1+5\%)\times 0.1\%$。

应纳个人所得税 $=X/(1+5\%)\times(1-20\%)\times 20\%$。

税后金额 $= X-$ 增值税 $-$ 城市维护建设税 $-$ 教育费附加 $-$ 地方教育费附加 $-$ 房产税 $-$ 印花税 $-$ 个人所得税 $=25\ 000$（元）。

求得税前租金 $X\approx 36\ 813.43$（元）。

（2）需要说明的是，案例企业在到税务机关代开发票时，基本采取按开票金额（不含税）预征1.5%的个人所得税（部分地域会有差异）。当然，相关法律修订以后，从2019年开始，个人所得税由付款的单位代扣代缴。

另外，根据《国家税务总局关于增值税小规模纳税人减免增值税等政策有关征管事项的公告》（国家税务总局公告2023年第1号）第三条规定：《中华人民共和国增值税暂行条例实施细则》第九条所称的其他个人，采取一次性收取租金形式出租不动产取得的租金收入，可在对应的租赁期内平均分摊，分摊后的月租金收入未超过10万元的，免征增值税。

也就是说，增值税月租金收入未超过 10 万元的，可以享受增值税的免征。很显然，以上的税前金额计算，在实际工作中可能并不适用。

（3）如果合同是以"不含税"价格签订的，即以 25 000 元作为合同价格，那么，公司到税务机关代开的租赁费发票所缴纳的税金，不得在公司成本费用中列支，这样一来公司得多承担费用且不能在税前扣除。

（4）为了防范以上所述涉税风险，出租人与承租人应当按照以下方式签订租赁合同：

1）在租赁合同中的租赁价格条款应当载明税前租金价格，而非税后租金价格。

2）租赁合同中的税费承担条款应当载明，租赁期间有关税费由出租方承担，但由承租方代扣代缴，扣缴的税金从本租赁合同中约定的租金价格中扣除。

通过以上的案例分析发现，如果企业税务知识不足，所签订的合同会存在涉税风险，因此，当需要按税后价格签订合同时，尽量改变合同中约定的定价方式，按税前价格签订合同，税金代扣代缴，以防范涉税风险。

案例13：不同税款承担方式，纳税有差异

案例背景

2024 年 10 月，位于英国的非居民企业皇家公司和中国居民企业优财集团签订了一份特许权使用费合同，约定优财集团向皇家公司支

付100万元的特许权使用费。根据相关税法及税收协定的规定，特许权使用费适用的增值税税率为6%、城市维护建设税税率为7%、教育费附加征收率3%、地方教育费附加征收率2%，同时，皇家公司不享受税收协定待遇，适用的企业所得税税率为10%。

税法小知识

（1）根据《企业所得税法》第三条第三款规定：非居民企业在中国境内未设立机构、场所的，或者虽设立机构、场所但取得的所得与其所设机构、场所没有实际联系的，应当就其来源于中国境内的所得缴纳企业所得税。

（2）根据《国家税务总局关于营业税改征增值税试点中非居民企业缴纳企业所得税有关问题的公告》（国家税务总局公告2013年第9号）规定：营业税改征增值税试点中的非居民企业，取得《中华人民共和国企业所得税法》第三条第三款规定的所得，在计算缴纳企业所得税时，应以不含增值税的收入全额作为应纳税所得额。

（3）根据《营业税改征增值税试点实施办法》（财税〔2016〕36号文件印发）相关规定：

第六条　中华人民共和国境外（以下称境外）单位或者个人在境内发生应税行为，在境内未设有经营机构的，以购买方为增值税扣缴义务人。财政部和国家税务总局另有规定的除外。

第二十条　境外单位或者个人在境内发生应税行为，在境内未设有经营机构的，扣缴义务人按照下列公式计算应扣缴税额：

应扣缴税额＝购买方支付的价款÷（1+税率）×税率

（4）根据《国家税务总局关于非居民企业所得税源泉扣缴有关问题的公告》（国家税务总局公告2017年第37号）第六条规定：扣缴义务人与非居民企业签订与企业所得税法第三条第三款规定的所得有关的业务合同时，凡合同中约定由扣缴义务人实际承担应纳税款的，应将非居民企业取得的不含税所得换算为含税所得计算并解缴应扣税款。

具体计算公式为：

含税所得＝不含税所得÷[1－企业所得税税率－增值税税率×（城市维护建设税税率＋教育费附加征收率＋地方教育费附加征收率）]×（1+增值税税率）。

（5）根据《国家税务总局关于发布〈非居民纳税人享受协定待遇管理办法〉的公告》（国家税务总局公告2019年第35号）第六条规定：在源泉扣缴和指定扣缴情况下，非居民纳税人自行判断符合享受协定待遇条件且需要享受协定待遇的，应当如实填写《非居民纳税人享受协定待遇信息报告表》，主动提交给扣缴义务人，并按照本办法第七条的规定归集和留存相关资料备查。

扣缴义务人收到《非居民纳税人享受协定待遇信息报告表》后，确认非居民纳税人填报信息完整的，依国内税收法律规定和协定规定扣缴，并如实将《非居民纳税人享受协定待遇信息报告表》作为扣缴申报的附表报送主管税务机关。

非居民纳税人未主动提交《非居民纳税人享受协定待遇信息报告表》给扣缴义务人或填报信息不完整的，扣缴义务人依国内税收法律规定扣缴。

案例分析

情形一：非居民企业皇家公司承担全部税款。

由于合同约定 100 万元特许权使用费涉及的增值税及附加税费、企业所得税均由皇家公司承担，因此，合同价款中包含相关税费，优财集团向皇家公司实际支付的金额为合同价款减去相关税费后的部分。

这笔特许权使用费的计税依据为 94.34[≈100÷（1+6%）] 万元；

应扣缴企业所得税 9.43（≈94.34×10%）万元；

应扣缴增值税 5.66（≈94.34×6%）万元；

应扣缴城市维护建设税、教育费附加及地方教育费附加 0.68（≈5.66×12%）万元；

优财集团合计扣缴税款 15.77 万元，实际向皇家公司支付 84.23（=100−15.77）万元。

情形二：居民企业优财集团承担全部税款。

由于优财集团承担了全部税款，因此，合同价款为不含税价款（不含增值税及附加税费、企业所得税），含税所得＝不含税所得÷[1−企业所得税税率−增值税税率×（城市维护建设税税率＋教育费附加征收率＋地方教育费附加征收率）]×（1+增值税税率）。

这笔特许权使用费的含税所得＝100÷（1−10%−6%×12%）×（1+6%）≈118.73（万元）；

应扣缴企业所得税＝118.73÷（1+6%）×10%≈11.2（万元）；

应扣缴增值税＝118.73÷（1+6%）×6%≈6.72（万元）；

应扣缴城市维护建设税、教育费附加及地方教育费附加＝6.72×12%≈0.81（万元）；

合计应扣缴税款18.73万元,在情形二下,优财集团就这笔业务实际承担的金额为118.73(=100+18.73)万元。

控税分析

1. 合同税款承担方式影响分析

在上述两种情形中,我们可以清晰地看到,货物贸易相关业务的合同签订中,双方约定的税款承担方式不同会带来税负的显著差异。

情形一中,非居民企业皇家公司承担全部税款。此时,合同价款中包含相关税费,计税依据为调整后的金额。通过计算,应扣缴企业所得税、增值税以及城市维护建设税、教育费附加和地方教育费附加共计15.77万元,优财集团实际向皇家公司支付84.23万元。

情形二中,居民企业优财集团承担全部税款。合同价款为不含税价款,经过复杂的计算得出含税所得为118.73万元。相应地,应扣缴的各项税款总和为18.73万元,优财集团就这笔业务实际承担的金额为118.73万元。

2. 重要税务风险提示

税款计算差异风险:不同的税款承担方式在计算计税依据时适用不同的公式,这要求企业在合同签订前必须准确进行税款测算。若计算错误,可能导致实际支付金额与预期不符,影响企业资金安排和经济效益。

纳税义务界定风险:明确的税款承担方式有助于清晰界定纳税义务。若约定不清晰,可能引发税务争议,增加企业的税务风险。例如,在双方对税款承担存在模糊认识时,可能面临税务机关的稽查和

调整，导致额外的税务负担。

企业所得税扣除限制风险：若未按含税价签订合同，替对方承担的税费将不得在企业所得税税前扣除。这会直接增加企业的所得税负担，降低企业的税后利润。

3.合理控税建议

提前测算：企业在合同签订前，应结合业务实际情况，充分考虑各种税收因素，进行详细的税款测算工作。可以借助专业的税务顾问或使用税务计算软件，确保税款计算的准确性。

明确约定：在合同中提前约定合理的税款承担方式，明确各方的纳税义务。条款应具体、清晰，避免模糊表述，以减少税务争议的可能性。

签订含税价合同：为避免企业所得税扣除限制风险，企业应尽量按含税价签订合同。这样可以确保替对方承担的税费在符合规定的情况下能够在企业所得税税前扣除，降低企业的税务成本。

总之，企业在货物贸易相关业务的合同签订中，必须高度重视税款承担方式的选择，通过合理的控税措施，降低税务风险，提高企业的经济效益。

二、包税合同，当心税费"等于"变相加价

在实际工作中，时常会出现一些税费由"买方"承担的业务合同，如二手房买卖中约定过户过程中所产生的税费由买方承担，房屋租赁过程中所开发票的税费由承租方承担等。

签订税后合同，是否符合法律规定？是否转嫁了纳税义务？我们该如何正确判断？

案例14：合同中的包税条款，税务局与法院判定不同

案例背景

判决案例一：法院认定有效

案件名称： 贵州明旭房地产开发有限公司、威宁彝族回族苗族自治县自然资源局合同纠纷案

案号：（2019）黔05民终4360号

审理法院： 贵州省毕节地区中级人民法院

裁判要旨： 税收征管法律规范均明确规定了各税种的纳税义务人，但是并未禁止纳税义务人与合同相对人约定，由合同相对人或第三人缴纳税款。税法对于税种、税率、税额的规定是强制性的，而对于实际由谁缴纳税款，则没有强制性或禁止性规定。

合同当事人之间对税费负担条款的约定，并不损害国家的税收利益，也不改变税收法律、行政法规对税种、税率、税额等的强制性规定，从而影响到国家税收。

税费负担约定条款属于私法领域的范畴，是对合同当事人权利义务的安排，属于当事人的意思自治的范畴，在具有合理商业目的的前提下，税费负担条款是有效的。

判决案例二：法院认定无效

案件名称： 温定进、林小育、林延秋等与杨传楷追偿权纠纷案

案号：（2021）粤52民终453号

审理法院： 广东省揭阳市中级人民法院

裁判要旨：首先，要确定税费是否由杨传楷（股权受让方）承担，应清楚税和费的概念。费是指交易过程中发生的费用，费用的支付，可以由交易双方约定，属于私法自治的范畴；税是国家向征收对象按税率征收的货币或实物，税和费是两个不同的概念。

个人所得税是针对交易后所得额所征收的，只有在交易之后才能确定转让方的交易所得，不属于交易过程中发生的费用。个人所得税属于不可转嫁税种，不能由受让方承担。因此，在股权转让合同中约定股权转让有关费用由受让方负担，不应包含个人所得税。

双方虽然约定股权转让的相关费用由杨传楷承担，但双方并没有约定相关税费由杨传楷承担，且约定个人所得税由受让方承担，实质是降低交易额，防范纳税义务行为，因违反税法上"实质课税原则"而无效，属于私法权利滥用的无效行为。

判决案例三：法院未评价

案件名称：罗宁庆与深圳市忠信利实业发展有限公司等股权转让纠纷上诉案

案号：（2017）粤14民终975号

审理法院：广东省梅州市中级人民法院

裁判要旨：根据国家税务总局关于《股权转让所得个人所得税管理办法（试行）》（2015年1月1日起施行）第五条"个人股权转让所得个人所得税，以股权转让方为纳税人，以受让方为扣缴义务人"的规定，认定忠万公司（受让方）是股权转让个人所得税的扣缴义务人，罗宁庆（转让方）是股权转让个人所得税的纳税义务人。

因此，忠万公司代缴股权转让个人所得税的款项，理应由罗宁庆负担。

税法小知识

（1）根据《中华人民共和国税收征收管理法》第四条规定：法律、行政法规规定负有纳税义务的单位和个人为纳税人。

法律、行政法规规定负有代扣代缴、代收代缴税款义务的单位和个人为扣缴义务人。

纳税人、扣缴义务人必须依照法律、行政法规的规定缴纳税款、代扣代缴、代收代缴税款。

（2）根据《中华人民共和国税收征收管理法实施细则》第三条规定：任何部门、单位和个人作出的与税收法律、行政法规相抵触的决定一律无效，税务机关不得执行，并应当向上级税务机关报告。

纳税人应当依照税收法律、行政法规的规定履行纳税义务；其签订的合同、协议等与税收法律、行政法规相抵触的，一律无效。

（3）根据《中华人民共和国增值税暂行条例》第一条规定：在中华人民共和国境内销售货物或者加工、修理修配劳务（以下简称劳务），销售服务、无形资产、不动产以及进口货物的单位和个人，为增值税的纳税人，应当依照本条例缴纳增值税。

（4）根据《中华人民共和国土地增值税暂行条例》相关规定：

第二条 转让国有土地使用权、地上的建筑物及其附着物（以下简称转让房地产）并取得收入的单位和个人，为土地增值税的纳税义务人（以下简称纳税人），应当依照本条例缴纳土地增值税。

第七条　土地增值税实行四级超率累进税率：增值额未超过扣除项目金额50%的部分，税率为30%。增值额超过扣除项目金额50%、未超过扣除项目金额100%的部分，税率为40%。增值额超过扣除项目金额100%、未超过扣除项目金额200%的部分，税率为50%。增值额超过扣除项目金额200%的部分，税率为60%。

（5）根据《中华人民共和国城市维护建设税法》第一条规定：在中华人民共和国境内缴纳增值税、消费税的单位和个人，为城市维护建设税的纳税人，应当依照本法规定缴纳城市维护建设税。

（6）根据《征收教育费附加的暂行规定》第二条规定：凡缴纳消费税、增值税、营业税的单位和个人，除按照《国务院关于筹措农村学校办学经费的通知》（国发〔1984〕174号文）的规定，缴纳农村教育事业费附加的单位外，都应当依照本规定缴纳教育费附加。

（7）根据《中华人民共和国个人所得税法》第二条规定：下列各项个人所得，应当缴纳个人所得税：

（一）工资、薪金所得；

（二）劳务报酬所得；

（三）稿酬所得；

（四）特许权使用费所得；

（五）经营所得；

（六）利息、股息、红利所得；

（七）财产租赁所得；

（八）财产转让所得；

（九）偶然所得。

居民个人取得前款第一项至第四项所得（以下称综合所得），按纳税年度合并计算个人所得税；非居民个人取得前款第一项至第四项所得，按月或者按次分项计算个人所得税。纳税人取得前款第五项至第九项所得，依照本法规定分别计算个人所得税。

（8）根据《中华人民共和国印花税法》第一条规定：在中华人民共和国境内书立应税凭证、进行证券交易的单位和个人，为印花税的纳税人，应当依照本法规定缴纳印花税。

（9）根据《中华人民共和国契税法》第一条规定：在中华人民共和国境内转移土地、房屋权属，承受的单位和个人为契税的纳税人，应当依照本法规定缴纳契税。

控税分析

1. 判决案例一（贵州明旭房地产开发有限公司、威宁彝族回族苗族自治县自然资源局合同纠纷案）

（1）法律原则的平衡。

在这个案例中，法院很好地平衡了税收法律的强制性与私法领域的意思自治原则。税收征管法律明确纳税义务人，确保了国家税收的稳定征收和公平性。同时允许当事人在私法领域约定税费负担，体现了对合同自由和当事人意思自治的尊重。这种平衡既维护了国家税收利益，又满足了市场经济中当事人灵活安排商业交易的需求。

（2）合理商业目的的重要性。

合理商业目的成为判断税费负担约定条款有效性的关键因素之一。这意味着当事人在约定税费负担时，不能仅仅是为了规避税务或进行不正当的税务筹划。合理商业目的可以包括但不限于以下方面：交易的实际需求、市场竞争压力、风险分担的合理性等。例如，在某些复杂的商业交易中，一方可能承担更多的税费，以换取其他方面的利益，如更高的价格、更好的服务或更有利的合同条款。只要这种约定是基于合理的商业考虑，并且不违反税收法律的强制性规定，就应当被认定为有效。

2. 判决案例二（温定进、林小育、林延秋等与杨传楷追偿权纠纷案）

（1）税与费的本质区别及影响。

在这个案例中，法院明确指出税和费有着本质的区别。费用通常是在交易过程中产生的具体支出，其支付方式可以由交易双方通过合同约定来确定，属于私法自治的范畴。这意味着双方可以根据交易的具体情况和自身的利益考量，协商确定费用的承担方。

然而，税收则是国家基于法律规定向征收对象征收的货币或实物。纳税义务具有强制性和法定性，纳税义务是由法律明确规定的，不能通过合同约定随意转嫁。个人所得税作为一种针对交易后所得额征收的税种，其纳税义务主体是特定的，即取得所得的一方。这种不可转嫁性是为了确保征税的公平性和合理性，防止纳税人通过不合理的合同安排逃避纳税义务。

（2）违反实质课税原则的后果。

实质课税原则是税法中的一个重要原则，它要求根据经济实质而非表面形式来确定纳税义务。在股权转让合同中，如果双方约定个人所得税由受让方承担，实际上是通过改变表面的交易形式来降低交易额,从而试图规避纳税义务。这种行为违反了实质课税原则,因为它没有真实反映交易的经济实质。

违反实质课税原则会带来严重的法律后果。首先,这种约定被法院认定为无效,合同双方不能按照约定的方式来分配纳税义务。其次,税务机关可能会根据实质课税原则,对交易进行重新评估,确定正确的纳税义务主体和应纳税额。这可能会导致纳税人面临税务调整、补缴税款、罚款等风险。

(3)私法权利滥用的界定与警示。

法院将双方约定个人所得税由受让方承担的行为认定为私法权利滥用的无效行为。私法权利滥用是指当事人在行使私法权利时,超出了合理的范围,损害了他人的合法权益或社会公共利益。在这个案例中,双方的约定虽然是在私法领域内的合同约定,但它违反了税法的基本原则,损害了国家的税收利益,因此被认定为私法权利滥用。

这个案例为商业交易中的合同双方提供了重要的警示。在签订合同尤其是涉及税费负担条款的合同时,双方不能仅仅考虑自身的利益,而忽视了税法的规定和国家的税收利益。合同约定应当在合法、合理的范围内进行,不能通过滥用私法权利来规避纳税义务。否则,不仅合同条款可能被认定为无效,当事人还可能面临法律制裁和税务风险。

(4)对商业交易和税务规划的启示。

明确税费责任:在商业交易中,合同双方应当明确约定税费的承担责任。对于个人所得税等不可转嫁税种,应当按照法律规定由纳税义务主体承担,避免通过不合理的合同约定来转嫁纳税义务。

遵守税法原则:商业交易的参与者应当遵守税法的基本原则,如实质课税原则。在进行税务规划时，应当以合法、合理的方式进行，不能通过虚假交易、不合理的合同安排等方式来规避纳税义务。

谨慎行使私法权利：在私法领域内，当事人应当谨慎行使合同自由等私法权利，不得滥用权利损害国家税收利益和社会公共利益。在签订合同前，应当充分了解税法的规定，确保合同条款的合法性和有效性。

咨询专业意见：为了避免因税费负担约定不当而引发法律风险，商业交易的参与者可以咨询专业的税务顾问和律师。他们可以根据具体情况提供专业的法律意见和税务规划建议，帮助当事人制定合法、合理的合同条款。

总之，温定进、林小育、林延秋等与杨传楷追偿权纠纷案为我们提供了一个关于税费负担约定的重要案例。它提醒我们在商业交易中要正确区分税和费的概念，遵守税法原则，谨慎行使私法权利，以确保合同的合法性和有效性，避免法律风险和税务风险。

3. 判决案例三（罗宁庆与深圳市忠信利实业发展有限公司等股权转让纠纷上诉案）

（1）法律确定性与合同约定的模糊性。

在这个案例中，法院依据国家税务总局的规定明确了纳税义务人和扣缴义务人，从而确定了税款的最终负担方。这体现了税收法律在股权转让交易中的确定性和权威性。然而，法院未对税费负担约定的有效性给出评价，这也反映出在实际交易中，合同约定可能存在模糊性。

一方面，税收法律明确规定了纳税义务人和扣缴义务人，为税务机关的征收管理提供了依据。在股权转让交易中，转让方作为纳税义务人，应当承担缴纳个人所得税的责任；受让方作为扣缴义务人，有义务代扣代缴税款。这种法律规定确保了税款的及时征收和国家税收利益的保障。

另一方面，合同约定的税费负担条款可能不够明确或存在争议。在商业交易中，双方当事人通常会在合同中约定税费的承担方式，但这些约定可能与税收法律规定不完全一致，或者在具体执行过程中存在理解上的差异。在这种情况下，法院可能会选择依据税收法律规定来确定税款的负担方，而不对合同约定的有效性进行评价。

（2）税务风险与合同审查的重要性。

对于股权转让交易的双方当事人来说，这个案例凸显了税务风险和合同审查的重要性。

税务风险：如果合同中未明确约定税费负担方式，或者约定与税收法律规定不一致，可能会导致双方在税款承担上产生争议。此外，如果受让方未履行代扣代缴义务，或者转让方未按时缴纳税款，都可能面临税务机关的处罚和法律风险。

合同审查：在签订股权转让合同之前，双方当事人应当仔细审查合同中的税费负担条款，确保约定明确、合法、有效。同时，还应当了解相关的税收法律规定，避免因合同约定与法律规定不符而引发法律风险。可以咨询专业的税务顾问或律师，对合同条款进行审查和修订，以降低税务风险。

（3）对税收征管和立法完善的启示。

这个案例也为税收征管和立法完善提供了一些启示。

税收征管：税务机关在征收股权转让个人所得税时，应当加强对纳税义务人和扣缴义务人的管理和监督，确保税款的及时足额征收。

同时，对于合同约定与税收法律规定不一致的情况，应当及时进行调查和处理，维护税收法律的权威性和严肃性。

立法完善：立法机关可以考虑进一步完善股权转让个人所得税的相关规定，明确合同约定与税收法律规定的关系，为税务机关的征收管理和法院的司法裁判提供更加明确的法律依据。例如，可以规定在合同约定与税收法律规定不一致时，应当以税收法律规定为准，但同时允许当事人在合同中约定税款的具体缴纳方式和时间等。

罗宁庆与深圳市忠信利实业发展有限公司等股权转让纠纷上诉案，为我们提供了一个关于股权转让个人所得税的重要警示。它提醒我们在股权转让交易中，要重视税收法律规定和合同约定的一致性，加强合同审查和税务风险管理。该案也为税收征管和立法完善提供了一些启示。

4. 政策依据分析

《中华人民共和国税收征收管理法》及其实施细则明确了纳税义务人和扣缴义务人的法定地位，同时规定与税收法律、行政法规相抵触的决定、合同、协议一律无效。然而，对于合同中税费负担条款的效力问题，并未给出明确界定。

各单行税法，如《中华人民共和国增值税暂行条例》《中华人民共和国土地增值税暂行条例》《中华人民共和国城市维护建设税法》《征收教育费附加的暂行规定》《中华人民共和国个人所得税法》《中华人民共和国印花税法》《中华人民共和国契税法》等，分别明确了各税种的纳税义务人范围，但同样未对纳税义务人与合同相对人约定税费承担的情况进行具体规定。

5.总结

（1）司法实践中的效力认定差异原因。

在司法实践中对合同中税费负担条款效力的认定存在差异，主要有以下几个方面的原因：

不同税种的性质差异：不同税种具有不同的特点和征收目的。对于个人所得税等特定税种，由于其不可转嫁性和针对特定纳税主体所得征收的性质，约定由受让方承担容易被认定为私法权利滥用和规避纳税义务的行为。而对于其他一些税种，在特定情况下可能更容易被认为属于当事人意思自治的范畴。

商业目的的合理性判断：对于税费负担条款是否具有合理商业目的的判断存在主观性。不同法院在审查商业目的时可能会考虑不同的因素，如交易的背景、双方的利益平衡、市场惯例等。这导致了在认定税费负担条款效力时的差异。

对税法原则的理解：法院在判断税费负担条款效力时，对税法原则如实质课税原则的理解和应用也可能存在不同。一些法院可能更强调严格遵守税法原则，而另一些法院可能在一定程度上更注重当事人的意思自治和合同自由。

（2）合同条款效力与税务机关征税活动的关系。

合同条款效力的局限性：合同当事人之间的税费负担条款虽然在私法范畴内可能有效，但这并不影响税务机关按照税法规定进行征税活动。税务机关依据税收法定原则，以法律、行政法规规定的纳税义务人为征税对象，不会因为合同中的"包税条款"而改变征税对象。

纳税义务人的确定性：我国税法关于纳税人的规定是强制性的，

不能通过合同约定来改变纳税义务人。"包税条款"只是改变了实际承担税款的主体,但不能改变法律规定的纳税义务人身份。这确保了国家税款的稳定征收和税法的权威性。

涉税条款效力的特定性:《中华人民共和国税收征收管理法实施细则》明确规定,纳税人应当依照税收法律、行政法规履行纳税义务,与税收法律、行政法规相抵触的合同条款在税收征管过程中无效。这进一步强调了税务机关在征税活动中的独立性和依据税法进行征税的原则。

(3)对合同当事人的建议。

明确合同约定:在签订合同时,合同当事人应当明确约定税费负担条款,确保条款的清晰、具体和合法。对于可能存在争议的税种,应当特别谨慎地约定,并充分考虑税法的规定。

咨询专业意见:为了避免因税费负担条款引发的法律风险,合同当事人可以咨询专业的税务顾问和律师。他们可以根据具体情况提供专业的法律意见和税务规划建议,帮助当事人制定合法、合理的合同条款。

遵守税法规定:合同当事人应当认识到"包税条款"不能改变纳税义务人的身份,不能以此为借口逃避纳税义务。在履行合同过程中,应当遵守税法规定,及时、足额地缴纳税款,以避免税务风险和法律风险。

特别提示:合同中税费负担条款的效力认定在司法实践中存在差异,但无论其效力如何,都不能影响税务机关的征税活动。合同当事人应当在签订合同时明确约定税费负担条款,遵守税法规定,咨询专业意见,以降低法律风险和税务风险。

第二章 借贷合同签订技巧与纳税规划

第一节　企业借款合同签订技巧与纳税规划

一、企业签订借款合同，表现形式不同，纳税有差异

在生产经营过程中，调拨资金是企业再正常不过的业务了，然而，根据税法相关规定，企业间相互融通资金，需要符合独立交易原则，应按规定计算资金占用费或利息，缴纳增值税与企业所得税。

案例15：关联企业间融通资金，业务表述合理，可享税收优惠

案例背景

中税优财集团（母公司）和中税技术公司（全资子公司）是关联

公司，均属于一般纳税人，适用的企业所得税税率为25%。中税技术公司于2024年12月1日向中税优财集团调拨资金500万元。（同期同类银行贷款利率为4.35%，金融保险业增值税税率为6%，城市维护建设税税率按7%，教育费附加征收率按3%，地方教育费附加征收率按2%）。

由于两家公司属于集团内关联公司，因此，并未约定资金占用费及归还时间，是否存在补税风险？

税法小知识

（1）根据《中华人民共和国企业所得税法实施条例》第一百二十三条规定：企业与其关联方之间的业务往来，不符合独立交易原则，或者企业实施其他不具有合理商业目的安排的，税务机关有权在该业务发生的纳税年度起10年内，进行纳税调整。

（2）根据《中华人民共和国税收征收管理法实施细则》第五十四条规定：纳税人与其关联企业之间的业务往来有下列情形之一的，税务机关可以调整其应纳税额：

……

（二）融通资金所支付或者收取的利息超过或者低于没有关联关系的企业之间所能同意的数额，或者利率超过或者低于同类业务的正常利率。

（3）根据《财政部 税务总局关于明确养老机构免征增值税等政策的通知》（财税〔2019〕20号）第三条规定：自2019年2月1日至2020年12月31日（财政部 税务总局公告2021年第6号延期到2023年

12月31日），对企业集团内单位（含企业集团）之间的资金无偿借贷行为，免征增值税。

（4）根据《财政部 税务总局关于延续实施医疗服务免征增值税等政策的公告》（财政部 税务总局公告2023年第68号）规定：

……

二、对企业集团内单位(含企业集团)之间的资金无偿借贷行为，免征增值税。

三、本公告执行至2027年12月31日。

（5）根据《营业税改征增值税试点过渡政策的规定》（财税〔2016〕36号文件印发）第一条第（十九）项规定：统借统还业务中，企业集团或企业集团中的核心企业以及集团所属财务公司按不高于支付给金融机构的借款利率水平或者支付的债券票面利率水平，向企业集团或者集团内下属单位收取的利息，免征增值税。

统借方向资金使用单位收取的利息，高于支付给金融机构借款利率水平或者支付的债券票面利率水平的，应全额缴纳增值税。

控税分析

通过对以上政策进行分析可知，在2027年12月31日之前，企业集团内单位之间的资金无偿借贷行为，免征增值税。

如果不在这个时间范围之内，则需要按金融企业同期同类贷款利率计算缴纳增值税。下面是中税优财集团可以应用的几套免税的方案。

方案一：中税优财集团借款给中税技术公司，如果不希望产生稽查补税风险，那么，将中税优财集团借款500万元给中税技术公司，重新表述为中税优财集团向中税技术公司增加投资500万元。这样，中税技术公司就无须向中税优财集团支付利息了。

方案二：如果中税优财集团、中税技术公司存在购销或服务关系，中税技术公司作为中税优财集团的服务单位，那么，当中税技术公司需要资金时，中税优财集团可以支付预付款500万元给中税技术公司，让中税技术公司获得一笔"无息"贷款。

方案三：如果中税技术公司所获得的资金500万元是中税优财集团从银行融资的，那么，中税优财集团在办理银行融资时，以"统借统还"的方式开展，这样一来，中税优财集团向银行支付利息，中税技术公司向中税优财集团支付利息，只要中税技术公司向中税优财集团所支付的利率水平不高于中税优财集团从银行融资的利率水平，那么，中税优财集团所收取的利息符合"统借统还"业务的规定，免征增值税。

二、无偿借款合同，存在哪些涉税风险？如何防范

在企业经营过程中，时常会发生一些个人向企业借款的现象，如股东向企业借款，员工向企业借款，非企业员工向企业借款等。

那么，公司"无偿借款"给个人，是否存在涉税风险呢？

案例16：企业借款"给员工、给他人"，纳税有差异

企业无偿借款给"企业员工"，有何涉税风险？如何防范？

税法小知识

根据《财政部 国家税务总局关于企业为个人购买房屋或其他财产征收个人所得税问题的批复》(财税〔2008〕83号)规定:企业投资者个人、投资者家庭成员或企业其他人员向企业借款用于购买房屋及其他财产,将所有权登记为投资者、投资者家庭成员或企业其他人员,且借款年度终了后未归还借款的……对企业其他人员取得的上述所得,按照"工资、薪金所得"项目计征个人所得税。

控税分析

通过对以上政策进行分析可知,企业员工向企业借款,用于购买个人财物,年度终了后未归还借款的,按照"工资、薪金所得"项目计征个人所得税。

当然,如果员工的借款属于工作需要而发生的临时性备用金、差旅费之类的,就不存在个人所得税的纳税义务。

公司无偿借款给"非企业员工",有何涉税风险?

税法小知识

根据《营业税改征增值税试点实施办法》(财税〔2016〕36号文件印发)第十四条规定:下列情形视同销售服务、无形资产或者不动产:

单位或者个体工商户向其他单位或者个人无偿提供服务,但用于公益事业或者以社会公众为对象的除外。

……

控税分析

通过对以上政策进行分析可知，如果企业无偿借款给非企业员工，那么要视同贷款服务，按金融企业同期同类贷款利率缴纳增值税，相应的也需要确认企业所得税的收入。

因此，企业无偿借款给非企业员工，一定要考虑涉税风险。

第二节 担保贷款合同签订技巧与纳税规划

一、明股实债合同，改变合同形式，将改变税款缴纳

在房地产开发过程中，融资在所难免，融资渠道也多种多样，如银行贷款、企业借款、发行债券、信托投资等。下面以信托投资为例讲解具体的控税筹划。

案例17：同样是借款合同，形式一变，纳税全变

案例背景

嘉诚房地产开发公司因项目开发资金不足，接受兴邦信托投资公司（以下简称兴邦信托）"混合性"投资，由兴邦信托向嘉诚房地产开发公司增资2亿元，两年后，兴邦信托要求嘉诚房地产开发公司以2.5亿元赎回该项投资，同时，每年按年化收益率15%（假设金融企业同期同类贷款利率为6%），由嘉诚房地产开发公司向兴邦信托支付固定股息。

那么，该项业务双方如何纳税？如何实现控税筹划？

税法小知识

根据《国家税务总局关于企业混合性投资业务企业所得税处理问题的公告》(国家税务总局公告2013年第41号)相关规定:

一、企业混合性投资业务,是指兼具权益和债权双重特性的投资业务。同时符合下列条件的混合性投资业务,按本公告进行企业所得税处理:

(一)被投资企业接受投资后,需要按投资合同或协议约定的利率定期支付利息(或定期支付保底利息、固定利润、固定股息,下同);

(二)有明确的投资期限或特定的投资条件,并在投资期满或者满足特定投资条件后,被投资企业需要赎回投资或偿还本金;

(三)投资企业对被投资企业净资产不拥有所有权;

(四)投资企业不具有选举权和被选举权;

(五)投资企业不参与被投资企业日常生产经营活动。

二、符合本公告第一条规定的混合性投资业务,按下列规定进行企业所得税处理:

(一)对于被投资企业支付的利息,投资企业应于被投资企业应付利息的日期,确认收入的实现并计入当期应纳税所得额;被投资企业应于应付利息的日期,确认利息支出,并按税法和《国家税务总局关于企业所得税若干问题的公告》(2011年第34号)第一条的规定,进行税前扣除。

(二)对于被投资企业赎回的投资,投资双方应于赎回时将赎价与投资成本之间的差额确认为债务重组损益,分别计入当期应纳税所得额。

……

控税分析

通过分析以上政策可知,嘉诚房地产开发公司与兴邦信托之间的业务属于"混合性投资业务",即:

(1)嘉诚房地产开发公司向兴邦信托支付的固定股息,兴邦信托需要确认收入,并计入当期应纳税所得额。嘉诚房地产开发公司可以将其确认为利息支出,在所得税税前扣除,但只有不超过以金融企业同期同类贷款利率计算的数额的部分,准予税前扣除。

(2)兴邦信托从嘉诚房地产开发公司赎回投资时,赎价与投资成本之间的差额确认为债务重组损益,分别计入当期应纳税所得额。

现就控税前后的纳税情况进行对比,结果如下:

1. 控税筹划前,双方纳税情况

(1)兴邦信托在投资期间及收回投资时取得的利息收入和债务重组收入为 $20\,000 \times 15\% \times 2 + 25\,000 - 20\,000 = 11\,000$(万元),兴邦信托的该项投资业务须缴纳的企业所得税为 $11\,000 \times 25\% = 2750$(万元)。

(2)嘉诚房地产开发公司投资期间支付的利息及债务重组损失为 $20\,000 \times 15\% \times 2 + 25\,000 - 20\,000 = 11\,000$(万元),嘉诚房地产开发公司可以税前扣除的利息支出及债务重组损失为 $20\,000 \times 6\% \times 2 + 25\,000 - 20\,000 = 7400$(万元),嘉诚房地产开发公司需要纳税调增的金额为 $11\,000 - 7400 = 3600$(万元),应补缴企业所得税为 $3600 \times 25\% = 900$(万元)。

2.控税筹划后，双方纳税情况

假设对以上投资方案进行修改，在投资额不变的情况下，由兴邦信托向嘉诚房地产开发公司增资2亿元，两年后，兴邦信托从嘉诚房地产开发公司以2.86亿元赎回该项投资，同时，每年按年化收益率6%（假设金融企业同期同类贷款利率为6%），由嘉诚房地产开发公司向兴邦信托支付固定股息。

这样一来，结果就变了。

（1）兴邦信托在投资期间及收回投资时取得的利息收入和债务重组收入为20 000×6%×2+28 600-20 000=11 000（万元），兴邦信托的该项投资业务须缴纳的企业所得税为11 000×25%=2750（万元）。

（2）嘉诚房地产开发公司投资期间支付的利息及债务重组损失为20 000×6%×2+28 600-20 000=11 000（万元），嘉诚房地产开发公司可以税前扣除的利息支出及债务重组损失为20 000×6%×2+28 600-20 000=11 000（万元），嘉诚房地产公司需要纳税调增的金额为11 000-11 000=0（万元），应补缴企业所得税为0×25%=0（万元）。

通过以上的筹划，兴邦信托的纳税金额不变，而嘉诚房地产开发公司的税负却减少了900万元。

二、抵债合同，流程错了，税费就产生了

在建筑企业承揽建筑服务过程中，时常会遇到以房抵工程款的现象，那么，对建筑企业而言就面临很多压力与挑战。

首先，建筑企业实际上并不需要这些房产，最终都会转让给实际

需要的人。

其次，以房抵债合同的签订，不同业务环节，不同合同签订形式，均会涉及不同的税费缴纳，存在一定的涉税风险。

案例18：到底是以物抵债还是债务转移？流程一变，税费便改变

案例背景

嘉诚房地产开发公司开发的"世代家园"分两期进行开发，第一期工程在2022年5月12日领取了《商品房预售许可证》。嘉诚房地产开发公司于2024年12月31日与优财工程公司签订了"以房抵债协议"，协议约定如下：

（1）第一期项目总建筑面积为8万平方米，嘉诚房地产开发公司将其中1万平方米建筑面积的开发产品以14 000元/平方米（含增值税）的平均价抵偿应付优财工程公司工程款15 000万元（含增值税），剩余1000万元（含增值税）的工程款于本协议签订之日起10日内付清。后期发生的建筑工程款仍按照原工程承包合同约定的工程进度及支付时间履行付款义务及承担违约责任。

（2）具体抵债形式如下：

抵债形式一：嘉诚房地产开发公司将第一期项目中1万平方米建筑面积的开发产品用于抵偿优财工程公司工程款，嘉诚房地产开发公司直接将该批房产过户给优财工程公司。

抵债形式二：嘉诚房地产开发公司将第一期项目中1万平方米建筑面积的开发产品用于抵偿优财工程公司的工程款，待优财工程公司找到实际购房人时，由嘉诚房地产开发公司与实际购房人签订商品房销售合同，购房款全额用于偿还拖欠建筑施工企业工程款，实际售价超过 14 000 元 / 平方米的部分，作为嘉诚房地产开发公司延期支付优财工程公司工程款项的利息，归优财工程公司所有。

抵债形式三：因嘉诚房地产开发公司未向优财工程公司支付工程款，优财工程公司也未向材料供货商支付货款，所以，在以房抵偿工程款时，优财工程公司将抵债的房产又抵给了供货商，而供货商实际也不需要房产，最终又将房产抵给了终端个人。

税法小知识

（1）根据《营业税改征增值税试点实施办法》（财税〔2016〕36 号文件印发）第一条、第十条和第十一条的规定，在中华人民共和国境内销售服务、无形资产或者不动产的单位和个人，为增值税纳税人。销售服务、无形资产或者不动产，是指有偿提供服务、有偿转让无形资产或者不动产。其中"有偿"，是指取得货币、货物或者其他经济利益。

（2）根据《国家税务总局关于房产税城镇土地使用税有关政策规定的通知》（国税发〔2003〕89 号）第二条第（二）项规定：购置存量房，自办理房屋权属转移、变更登记手续，房地产权属登记机关签发房屋权属证书之次月起计征房产税和城镇土地使用税。

（3）根据《中华人民共和国契税法》相关条款规定：

第一条　在中华人民共和国境内转移土地、房屋权属，承受的单位和个人为契税的纳税人，应当依照本法规定缴纳契税。

第九条　契税的纳税义务发生时间，为纳税人签订土地、房屋权属转移合同的当日，或者纳税人取得其他具有土地、房屋权属转移合同性质凭证的当日。

第十条　纳税人应当在依法办理土地、房屋权属登记手续前申报缴纳契税。

第十二条　在依法办理土地、房屋权属登记前，权属转移合同、权属转移合同性质凭证不生效、无效、被撤销或者被解除的，纳税人可以向税务机关申请退还已缴纳的税款，税务机关应当依法办理。

案例分析

（1）如果属于第一种抵债形式，那么，基于以上税收政策的规定，房地产企业与工程公司签订的以房抵工程款的协议，实质是房地产企业通过协议折价销售其房产，抵偿建筑企业的工程款，房地产企业要视同销售缴纳增值税、土地增值税和企业所得税，工程公司需要缴纳契税。如果"价格明显偏低"且无正当理由的话，还需要按公允价值来确认销售价格。

（2）如果属于第二种抵债形式，那么，基于以上税收政策的规定，房地产企业要视同销售缴纳增值税、土地增值税和企业所得税，虽然工程公司最终未受让房产，从以房抵债协议签订的流程来看，房产公司已经将房产抵债给了工程公司，因此，以房抵债协议签订后，工程公司应当缴纳契税（在实际工作中，工程公司并未缴纳），也就是说，工程公司存在补缴契税的涉税风险。

（3）如果属于第三种抵债形式，那么，基于以上税收政策的规定，房地产企业要视同销售缴纳增值税、土地增值税和企业所得税，虽然工程公司、供货商最终都未受让房产，从以房抵债协议签订的流程来看，房产公司已经将房产抵债给了工程公司，工程公司又将房产抵债给了供货商，因此，以房抵债协议签订后，工程公司、供货商均应当缴纳契税（在实际工作中，工程公司、供货商并未缴纳），也就是说，工程公司、供货商均存在补缴契税的涉税风险。

控税分析

如果签订的不是以房抵债协议，而是债务转让协议，效果就完全不一样了。例如：

（1）供货商欠张三债务（张三为最终购房者）。

（2）工程公司欠供货商债务。

（3）房产公司欠工程公司债务。

供货商与工程公司签订一份债务转让协议，将供货商欠张三的债务转给工程公司，由工程公司还款给张三；工程公司与房产公司签订一份债务转让协议，将工程公司欠张三的债务转让给房产公司，由房产公司还款给张三，最后，房产公司以房产抵偿欠张三的债务。

上述流程与协议都是围绕债务开展的，而不是围绕房产开展的，因此，就不会涉及房产转让环节的涉税风险。

三、担保合同暗含义气，潜藏税费

企业在发展过程中，有时出于义气或其他考量，为关联方、业务单位或关系企业提供融资担保时有发生，那么，提供担保取得的收益、发生的损失如何进行税务处理？如何防范涉税风险呢？

案例19：担保合同，需要关注税费

案例背景

张三去银行融资 4000 万元，银行需要张三提供抵押或担保，张三让其兄长的酒店（优财酒店）为其担保，并向酒店支付融资额的 1% 作为担保费用。

贷款到期后，张三无力归还，优财酒店作为担保方，替张三归还了贷款，那么，酒店所提供的担保业务，取得的担保费用如何纳税？最后发生的担保损失，能否作为酒店的损失进行税前扣除？

税法小知识

（1）根据《国家税务总局关于发布〈企业资产损失所得税税前扣除管理办法〉的公告》（国家税务总局公告 2011 年第 25 号）的相关规定：

第四十四条　企业对外提供与本企业生产经营活动有关的担保，因被担保人不能按期偿还债务而承担连带责任，经追索，被担保人无偿还能力，对无法追回的金额，比照本办法规定的应收款项损失进行处理。

与本企业生产经营活动有关的担保是指企业对外提供的与本企业应税收入、投资、融资、材料采购、产品销售等生产经营活动相关的担保。

第四十五条　企业按独立交易原则向关联企业转让资产而发生的损失，或向关联企业提供借款、担保而形成的债权损失，准予扣除……

（2）根据《营业税改征增值税试点实施办法》（财税〔2016〕36

号文件印发）规定：直接收费金融服务，是指为货币资金融通及其他金融业务提供相关服务并且收取费用的业务活动。包括提供货币兑换、账户管理、电子银行、信用卡、信用证、财务担保、资产管理、信托管理、基金管理、金融交易场所（平台）管理、资金结算、资金清算、金融支付等服务。

（3）根据《财政部 税务总局关于印花税若干事项政策执行口径的公告》（财政部 税务总局公告2022年第22号）规定：

一、关于纳税人的具体情形

（一）书立应税凭证的纳税人，为对应税凭证有直接权利义务关系的单位和个人。

（4）根据《中华人民共和国印花税暂行条例施行细则》第十五条规定：条例第八条所说的当事人，是指对凭证有直接权利义务关系的单位和个人，不包括保人、证人、鉴定人。

控税分析

通过对以上案例和政策进行分析可知，优财酒店为张三提供担保所发生的不同业务，在税款缴纳上的现状：

1. 优财酒店取得担保收入

缴纳增值税 =4000×1%×6%=2.4（万元）

缴纳城建税、教育费附加 =2.4×(7%+5%)＝0.288（万元）

假设酒店本身为盈利单位，则缴纳企业所得税 =[4000×1%/(1+6%)－0.288]×25%≈9.36（万元）

2. 优财酒店发生担保损失

贷款到期后，张三无力归还，优财酒店作为担保方，替张三归还了贷款。

（1）如果优财酒店以资金替张三归还贷款，那么它只能将该项资金挂在张三的往来账上，变成应收张三的债务。

（2）如果优财酒店是以非货币性资产替张三归还贷款（如不动产），那么，非货币性资产转让有可能会产生高额的税款（如不动产转让会产生增值税、城市维护建设税及教育费附加、土地增值税、企业所得税、印花税等纳税义务），依然只能将该项资金挂在张三的往来账上，变成应收张三的债务。

3. 担保合同印花税

由于优财酒店为张三提供的是担保合同，担保合同的担保方不需要缴纳印花税，如果张三无力偿还贷款，优财酒店以非货币性资产替张三偿还贷款的话，会涉及印花税的缴纳。

四、抵押合同，资产过户税费高，处理恰当，能实现节税

实务中，因债务人不能清偿到期债务而处置抵押物的情形并不少见。当抵押物为不动产时，在办理抵押物产权变更时，增值税、土地增值税等的税负相当重。有没有转嫁的技巧呢？

案例20：抵押合同与资产过户的纳税义务究竟由谁承担

案例背景

案件:《江苏龙城典当有限公司与无锡泰富投资发展有限公司、

朱永良等典当纠纷执行裁定书》

案号：(2017) 苏执复45号

案由：

江苏龙城典当有限公司（简称龙城公司）与朱永良、无锡泰富投资发展有限公司（简称泰富公司）典当纠纷一案，仲裁委于2015年6月12日作出裁决：朱永良向龙城公司偿还当金及典当综合费。龙城公司在朱永良应付款项的范围内，对泰富公司抵押的房产折价拍卖、变卖所得价款享有优先受偿权。

后因朱永良未按裁决书自觉履行义务，龙城公司于2015年11月26日向法院申请强制执行。法院立案执行后，依法拍卖了泰富公司抵押给龙城公司的六套房产。

2016年8月8日，法院作出限期开具发票通知书送达泰富公司，通知书载明："法院依法拍卖泰富公司抵押给龙城公司的房产。现因办理房屋所有权证的需要，责令你公司于收到本通知书之日起五日内开具房屋销售发票，交至法院，并协助买受人办理过户手续。"

争议焦点：

（1）司法拍卖初始登记的抵押物产生的税款，应从拍卖款中支出还是由抵押人另行承担。

（2）执行法院在执行程序中作出"限期开具发票通知书"是否有法律依据。

税法小知识

根据《国家税务总局关于人民法院强制执行被执行人财产有关税

收问题的复函》(国税函〔2005〕869号)的规定:

一、人民法院的强制执行活动属司法活动,不具有经营性质,不属于应税行为,税务部门不能向人民法院的强制执行活动征税。

二、无论拍卖、变卖财产的行为是纳税人的自主行为,还是人民法院实施的强制执行活动,对拍卖、变卖财产的全部收入,纳税人均应依法申报缴纳税款。

三、税收具有优先权。《中华人民共和国税收征收管理法》第四十五条规定,税务机关征收税款,税收优先于无担保债权,法律另有规定的除外;纳税人欠缴的税款发生在纳税人以其财产设定抵押、质押或者纳税人的财产被留置之前的,税收应当先于抵押权、质权、留置权执行。

四、鉴于人民法院实际控制纳税人因强制执行活动而被拍卖、变卖财产的收入,根据《中华人民共和国税收征收管理法》第五条的规定,人民法院应当协助税务机关依法优先从该收入中征收税款。

案例分析

下面是高级人民法院的终审裁定。

第一,司法拍卖初始登记的抵押物产生的税款,应从拍卖款中支出,不应由抵押人另行承担。

(1)本案中,因司法拍卖产生的税收应以拍卖成交款收入为计算依据,该项税收的产生系来自司法拍卖行为带来的财产增值,且属于司法拍卖行为的发生费用,应从拍卖款中支出,不应由实际并未从中获利的抵押人另行承担。

（2）本案中，处置的抵押物系第三人提供，而非被执行人自行提供。对于第三人作为抵押人的，其承担责任的范围应限于其提供的抵押财产。如要求抵押人另行承担拍卖抵押物行为产生的相关税收，实为要求其超过抵押财产价值范围，额外承担相关义务，变相增加了抵押人的法律责任，于法无据。

（3）抵押合同签订时，抵押权人明知抵押人提供的抵押物系初始登记房产，故其所享有的优先权范围应仅限于该初始登记房产价值，如需上市交易，由此发生的相关税收应以交易增值价值为基础，从交易利润中优先支付。

第二，执行法院在执行程序中作出"限期开具发票通知书"没有法律依据。

（1）在执行过程中，执行行为的作出应以生效法律文书确定的内容以及法律的授权为依据。在司法拍卖抵押物时，抵押人相对买受人和执行法院所承担的法律义务应为协助买受人办理过户。"限期开具发票"系其作为纳税义务人相对于税务机关所承担的法律义务。故执行法院仅能作出"限期协助办理过户通知书"，其作出"限期开具发票通知书"属于超越法律职权行为，应予纠正。

（2）正如第一条意见所述，开具房屋销售发票的前提为缴纳相关税款。在执行法院尚未从拍卖成交款中支付相关税款，或将税款交付抵押人自行纳税之前，其直接要求抵押人开具房屋销售发票没有法律依据。

控税分析

通过分析以上司法判决案例，我们发现，一旦抵押资产发生司法拍卖时，资产受让方与资产转让方，都不承担税费：

（1）从转让方的角度，不承担税费，即以拍卖价扣除资产过户过程中所产生的税费后的金额确认其拍卖所得（注意：并非税法意义上的收入和所得）。

（2）从受让方的角度，不承担税费，即以拍卖价作为企业成本列支依据（由于受让方无法获取发票，因此即以法院判决书、裁定书、调解书，以及仲裁裁决书、公证债权文书等作为有效凭证），即遵循《国家税务总局关于发布〈纳税人转让不动产增值税征收管理暂行办法〉的公告》（国家税务总局公告2016年第14号）第八条规定：纳税人按规定从取得的全部价款和价外费用中扣除不动产购置原价或者取得不动产时的作价的，应当取得符合法律、行政法规和国家税务总局规定的合法有效凭证。否则，不得扣除。

上述凭证是指：

（一）税务部门监制的发票。

（二）法院判决书、裁定书、调解书，以及仲裁裁决书、公证债权文书。

（三）国家税务总局规定的其他凭证。

第三章　促销合同签订策略与纳税规划

第一节　有偿赠送合同签订策略与纳税规划

一、签促销合同，一定要关注税费

企业开展促销活动，进行"无偿赠送"，如果缺乏税务常识，一不小心就会多缴税。

案例21：营销活动赠送礼品有技巧，形式不同纳税便不同

案例背景

汽车经销商在汽车销售过程中，时常会开展一些促销活动，2024年6月某奔驰4S店在店头促销活动中明示，凡购买奔驰E300某系列轿车，

4S 店免费加装车辆装饰（如太阳膜、真皮脚垫、牌照框等汽车装饰）。

那么，汽车 4S 店在对外销售汽车的同时，无偿赠送的车辆装饰，是否需要视同销售缴纳增值税和企业所得税呢？是否需要代扣代缴客户的个人所得税呢？销售合同该如何签订？

税法小知识

（1）根据《国家税务总局关于确认企业所得税收入若干问题的通知》（国税函〔2008〕875号）第三条规定：企业以买一赠一等方式组合销售本企业商品的，不属于捐赠，应将总的销售金额按各项商品的公允价值的比例来分摊确认各项的销售收入。

（2）根据《中华人民共和国增值税暂行条例实施细则》第四条规定：单位或者个体工商户的下列行为，视同销售货物：

……

（八）将自产、委托加工或者购进的货物无偿赠送其他单位或者个人。

（3）根据《财政部 国家税务总局关于企业促销展业赠送礼品有关个人所得税问题的通知》（财税〔2011〕50号）第一条规定：企业在销售商品（产品）和提供服务过程中向个人赠送礼品，属于下列情形之一的，不征收个人所得税：

……

2. 企业在向个人销售商品（产品）和提供服务的同时给予赠品，如通信企业对个人购买手机赠话费、入网费，或者购话费赠手机等；

……

控税分析

通过分析以上政策可知，对于企业所得税，销售产品同时赠送商品，不需要视同销售，按比例分摊确认其收入。

如汽车市场销售价格为60万元，所赠送的车辆装饰市场销售价格为2万元，汽车销售时，实际收取客户款项60万元。

那么，在企业所得税中，收入确认为：汽车销售收入=60/62×60≈58（万元）、车辆装饰收入=2/62×60≈2（万元）。

通过对企业所得税及以上政策的分析，虽然大家知道在企业所得税中案例企业的赠送行为不需要视同销售，可是，在增值税缴纳中，很多地域的税务部门都将其作为视同销售征收了增值税。

其实关键的争议点是在"无偿赠送"这四个字上。大家仔细思考一下，如果客户不到汽车4S店购汽车，汽车4S店会送给客户车辆装饰吗？肯定是不会的。

那也就是说，有偿购汽车是前提，赠送只是促销时的一个"噱头"而已，实质重于形式，如果企业在销售的同时，有商品的赠送，实际上是不需要视同销售的（无销售行为的赠送除外）。

汽车4S店在销售汽车的同时赠送给客户的车辆装饰，同样也是不需要代扣代缴个人所得税的。

当然，如果企业在业务宣传、广告等活动中，随机向本单位以外的个人赠送礼品，对个人取得的礼品所得，按照"其他所得"项目，全额适用20%的税率缴纳个人所得税。

二、"购房"送"家电",别忘了税费成本

房地产企业在促销活动中,促销形式与手段丰富多彩,促销力度也在不断加大,买房"送车位""送汽车""送家电"等层出不穷。

下面来分析一下,买房"送家电""送家具""送汽车"等促销活动,增值税如何缴纳?

案例22:房地产公司促销活动,赠送礼品有技巧

甲公司为房地产企业(一般纳税人),甲公司在2024年为了促进房产销售,开展了"购房有礼"的促销活动,规定只要在要求的时间内签订了购房合同的业主,将获赠某著名品牌的"家电""家具""汽车"等礼品。

那么,买房"送家电""送家具""送汽车"等如何纳税呢?

税法小知识

(1)根据《中华人民共和国增值税暂行条例实施细则》第四条规定:

单位或者个体工商户的下列行为,视同销售货物:

……

(八)将自产、委托加工或者购进的货物无偿赠送其他单位或者个人。

(2)根据《营业税改征增值税试点实施办法》(财税〔2016〕36号文件印发)第四十条规定:一项销售行为如果既涉及服务又涉及货物,为混合销售。从事货物的生产、批发或者零售的单位和个体

工商户的混合销售行为，按照销售货物缴纳增值税；其他单位和个体工商户的混合销售行为，按照销售服务缴纳增值税……

（3）根据《中华人民共和国民法典》第六百五十七条规定：赠与合同是赠与人将自己的财产无偿给予受赠人，受赠人表示接受赠与的合同。

（4）根据《国家税务总局关于确认企业所得税收入若干问题的通知》（国税函〔2008〕875号）第三条规定：企业以买一赠一等方式组合销售本企业商品的，不属于捐赠，应将总的销售金额按各项商品的公允价值的比例来分摊确认各项的销售收入。

控税分析

首先，买一赠一的前提是有"买"才有"送"，在购房送车位等的促销活动中，所谓的赠送其实是一个噱头，实际上是有偿赠送。

其次，根据《中华人民共和国民法典》规定，在赠与这种民事行为中，赠与人依约无偿转移其赠与物的所有权于受赠人，受赠人取得赠与物的所有权不必向赠与人支付相关的对价。买房"送家电""送家具""送汽车"等促销活动与赠与合同要求的无偿转移赠与物要求明显不符。

再次，一项销售行为如果既涉及服务又涉及货物，为混合销售。房地产公司销售的是不动产，既不是货物也不是服务，明显不属于混合销售。

因此，买房"送家电""送家具""送汽车"等促销活动中的赠品费用，实质上是房地产公司的促销费用，不涉及税费缴纳。

第二节 无偿赠送合同签订策略与纳税规划

一、赠予合同不要忽视税费，白送也得交税

房地产企业为了留住意向客户，提升客户体验与服务满意度，在客户看房时会赠送一些小礼品，如"五谷杂粮""餐具"等。

那么，房地产企业在向意向客户赠送礼品时，是否需要视同销售缴纳增值税？

案例23：无偿赠送，不可忽视税费

案例背景

张先生在一次看房的过程中，房产公司登记了张先生的相关信息后，对他这种有购房需求的意向客户，为了增加成交率，给张先生赠送了一套餐具。房产公司无偿向张先生赠送的"餐具"，是否需要视同销售缴纳增值税？同时房产公司是否需要代扣代缴个人所得税？

税法小知识

（1）根据《中华人民共和国增值税暂行条例实施细则》第四条第（八）项规定，单位或者个体工商户将自产、委托加工或者购进的货物无偿赠送其他单位或者个人的行为，视同销售货物。

（2）根据《营业税改征增值税试点实施办法》(财税〔2016〕36号文件印发）第二十七条规定：下列项目的进项税额不得从销项税额中抵扣：

（一）用于简易计税方法计税项目、免征增值税项目、集体福利或者个人消费的购进货物、加工修理修配劳务、服务、无形资产和不动产。其中涉及的固定资产、无形资产、不动产，仅指专用于上述项目的固定资产、无形资产（不包括其他权益性无形资产）、不动产。

纳税人的交际应酬消费属于个人消费。

……

（3）根据《财政部 税务总局关于个人取得有关收入适用个人所得税应税所得项目的公告》（财政部 税务总局公告2019年第74号）第三条规定：企业在业务宣传、广告等活动中，随机向本单位以外的个人赠送礼品（包括网络红包，下同），以及企业在年会、座谈会、庆典以及其他活动中向本单位以外的个人赠送礼品，个人取得的礼品收入，按照"偶然所得"项目计算缴纳个人所得税，但企业赠送的具有价格折扣或折让性质的消费券、代金券、抵用券、优惠券等礼品除外……

控税分析

通过分析以上案例及相关政策，可以得出以下两种处理方式：

（1）如果房地产公司在赠送客户礼品时，礼品包装上没有印制企业的"LOGO""名称"等相关宣传信息的话，则需要视同销售缴纳增值税，视同销售的价格按照公允价值确认，当然，进项税额可以抵扣。

（2）如果房地产公司赠送客户礼品时，礼品包装上印制有企业的"LOGO""名称"等相关宣传信息，那么就属于宣传费用。业务宣传费是指企业开展业务宣传活动所支付的费用，主要是指未通过媒体传播的广告性支出，包括企业发放的印有企业标志的礼品、纪念品等，进项税额可以抵扣。

由于企业该项促销活动是随机向本单位以外个人赠送礼品，个人需按照"偶然所得"项目计算缴纳个人所得税，由公司代扣代缴。

二、商超入驻合同，优化合同签订，可实现降税

随着"城市综合体"不断升级，知名品牌服装及货物进各大卖场进行销售，商场（或超市）都会向供货商收取一定的费用，费用的形式是多种多样的。如销售返利、场地租金、进场费、广告促销费、上架费、展示费、管理费等。

那么，对于收取的这些费用，商场在与供货商进行合同签订时，都会采用哪些形式呢？收取不同形式的费用该如何纳税呢？

案例24：销售返利给付形式不同，纳税有差异

案例背景

A公司进入某商场进行货物销售，双方约定（本案例假设商场为营改增后的增值税一般纳税人）：

（1）A公司每月向商场支付1.5万元场地租金；

（2）商场按A公司每月销售额的2%收取进场费；

（3）商场每月收取A公司0.5万元的商场管理费；

（4）活动促销期间每次收取A公司3万元广告促销费。

税法小知识

根据《国家税务总局关于商业企业向货物供应方收取的部分费用征收流转税问题的通知》(国税发〔2004〕136号)第一条规定:

一、商业企业向供货方收取的部分收入,按照以下原则征收增值税或营业税:

(一)对商业企业向供货方收取的与商品销售量、销售额无必然联系,且商业企业向供货方提供一定劳务的收入,例如进场费、广告促销费、上架费、展示费、管理费等,不属于平销返利,不冲减当期增值税进项税金,应按营业税的适用税目税率征收营业税。(2016年5月1日后已全面营改增,按服务业缴纳增值税)

(二)对商业企业向供货方收取的与商品销售量、销售额挂钩(如以一定比例、金额、数量计算)的各种返还收入,均应按照平销返利行为的有关规定冲减当期增值税进项税金,不征收营业税。(2016年5月1日后已全面营改增)

控税分析

1. A公司每月向商场支付1.5万元场地租金

商场向A公司开具增值税发票,按不动产租赁缴纳增值税,适用税率为9%。

2. 商场按A公司每月销售额的2%收取进场费

商场按A公司每月销售额的2%收取进场费,与商品销售量、销售额挂钩,属于平销返利,作为增值税的进项税额转出,A公司以折扣(或红字发票)的形式开具增值税发票,适用税率为13%。

3. 商场每月收取A公司0.5万元的商场管理费

商场向A公司开具增值税发票，按生活服务缴纳增值税，适用税率为6%。

4. 活动促销期间每次收取A公司3万元广告促销费

商场向A公司开具增值税发票，按文化创意服务缴纳增值税，适用税率为6%。

通过分析以上政策及案例，我们发现，商场在收取销售返利、场地租金、进场费、广告促销费、上架费、展示费、管理费等费用时，如果与商品销售量、销售额挂钩，则商场需要进行进项税额转出，否则按实际所提供的不同服务来缴纳增值税。

因此，商场（或超市）在与供货商签订收费合同时，尽量避免与销售量、销售额或服务额挂钩，这样就能有效降低增值税的税负率。

合同签订时掌握两大关键点：

（1）看与商品销售量、销售额有无必然联系；

（2）看商场是否向供货方提供了一定的劳务或服务。

三、促销返券，财务处理方式不同，税费缴纳有差异

在商业促销中，返券是主流方式之一。顾客消费达到特定门槛，商家就赠送相应购物券，下次购物可抵扣现金。

与赠品促销相比，返券优势明显。对顾客来说，购物券抵现更显实惠；对企业而言，能吸引顾客循环消费，提升复购率与忠诚度。所以重大节假日，商家大多会推出返券活动。

不过，返券的账务处理不同，税负也不同。有些企业把返券当作销售费用处理：发放购物券时，借记"销售费用"，贷记"预计负债"；顾客用券消费，借记"预计负债"，贷记"主营业务收入"等并结转成本；逾期未用的券冲减销售费用和预计负债。

这种做法看似合理，实则弊端很大。若返券比例过高，会使销售收入虚增，企业税负过重。

案例25：返券促销，账务处理不同，纳税有差异

案例背景

富兴时代商业广场与90%的运营专柜均签订了联营合同，抽成率为20%（特价商品除外），在春节期间，富兴时代商业广场举行联营专柜全场"满200送200"的返券促销活动，购物券由商场统一赠送，对联营专柜按含券销售额结款，抽成率提高至45%。商场在活动期间含券销售额达5850万元，其中，现金收款3510万元，发出购物券3000万元，回收购物券2340万元。

针对富兴时代商业广场的这种促销，财税专业人员进行了以下分析。

富兴时代商业广场应付专柜货款共计：5850×(1-45%)=3217.5（万元），销售成本=3217.5÷(1+13%)≈2847（万元），增值税进项税额=2847×13%=370.11（万元）。

税法小知识

根据《财政部 税务总局关于个人取得有关收入适用个人所得税

应税所得项目的公告》(财政部 税务总局公告 2019 年第 74 号)第三条规定:企业在业务宣传、广告等活动中,随机向本单位以外的个人赠送礼品(包括网络红包,下同),以及企业在年会、座谈会、庆典以及其他活动中向本单位以外的个人赠送礼品,个人取得的礼品收入,按照"偶然所得"项目计算缴纳个人所得税,但企业赠送的具有价格折扣或折让性质的消费券、代金券、抵用券、优惠券等礼品除外。

控税分析

方案一:发放的购物券作为销售费用。

(1)发放购物券时:

销售费用增加 3000 万元,预计负债增加 3000 万元。

(2)销售收入确认时:

库存现金增加 3510 万元,预计负债减少 2340 万元;

主营业务收入 =5850÷(1+13%)≈5177(万元);

增值税销项税额 =5177×13%=673.01(万元)。

(3)未回收购物券冲销时:

预计负债 =3000-2340=660(万元),销售费用 =660(万元)。

此方案产生应交增值税 302.9(=673.01-370.11)万元,毛利为 2330(=5177-2847)万元,名义毛利率为 45%,但减去返券产生的 2340 万元销售费用后,实际利润为 -10 万元。

方案二:发放购物券时不做账务处理。

(1)发放购物券时:

发出购物券时不做账务处理。

（2）销售收入确认时：

库存现金增加 3510 万元，回收购物券时直接在销售发票上列示"折扣"，仅对现金销售部分确认销售收入。

主营业务收入 =3510÷(1+13%)≈ 3106（万元）；

增值税销项税额 =3106×13%=403.78（万元）。

此方案产生应交增值税 33.67（=403.78-370.11）万元，实现毛利 259（=3106-2847）万元，无其他销售费用。

与方案一相比，仅增值税一项即可为富兴时代商业广场节省 269.23（=302.9-33.67）万元。

第四章 股权投资合同签订方式与纳税规划

第一节 股权转让合同签订方式与纳税规划

一、股权转让合同，流程不同，税款缴纳有差异

企业在经营中，偶尔也会发生股权转让，企业股权转让就会涉及税款，那么，股权如何转让会实现减税的效果呢？

案例26：股权转让，流程影响税款

案例背景

喜悦公司于 2016 年 3 月份成立，注册资本 1000 万元，其中：嘉诚公司出资 700 万元，明凡公司出资 300 万元。

2022年、2023年、2024年三年喜悦公司累计实现盈利350万元，均未向股东进行分配，嘉诚公司由于发展的需要，将其持有的喜悦公司70%的股份，以评估价值1000万元的价格对外转让。

那么，嘉诚公司如何纳税？

税法小知识

（1）根据《中华人民共和国企业所得税法》第二十六条第（二）项规定，符合条件的居民企业之间的股息、红利等权益性投资收益，为免税收入。

（2）根据《中华人民共和国企业所得税法实施条例》第八十三条规定：企业所得税法第二十六条第（二）项所称符合条件的居民企业之间的股息、红利等权益性投资收益，是指居民企业直接投资于其他居民企业取得的投资收益……

（3）根据《国家税务总局关于贯彻落实企业所得税法若干税收问题的通知》（国税函〔2010〕79号）第三条规定：企业转让股权收入，应于转让协议生效、且完成股权变更手续时，确认收入的实现。转让股权收入扣除为取得该股权所发生的成本后，为股权转让所得。企业在计算股权转让所得时，不得扣除被投资企业未分配利润等股东留存收益中按该项股权所可能分配的金额。

案例分析

通过分析以上政策可知，嘉诚公司股权转让纳税情况如下：

应纳企业所得税 =（1000-700）×25%=75（万元）；

应纳印花税 =1000×0.5‰=0.5（万元）。

控税分析

通过对以上政策的分析，我们利用"符合条件的居民企业之间的股息、红利等权益性投资收益，为免税收入"，这一条进行优化处理。

首先，喜悦公司对近三年来的利润进行分红，嘉诚公司按比例可分配到的盈利 =350×70%=245（万元）。

其次，嘉诚公司按盈利分配后的价格进行股权转让，即1000-245=755（万元）。这样一来，税费缴纳情况就完全变了。

应纳企业所得税 =（755-700）×25%=13.75（万元）；

应纳印花税 =755×0.5‰≈0.38（万元）；

嘉诚公司相对之前要少缴税 61.37（=75+0.5-13.75-0.38）万元。

二、股权代持协议只能自个儿看，基本不被认可为税款计算依据

股权代持又称为委托持股或隐名投资，是指实际出资人与他人约定，以他人名义代实际出资人行使股东权利与履行股东义务的一种股权处置方式。

实务中股权代持一般分两类：个人代持和公司代持。股权代持因其具有隐秘性和灵活性，可以在一定程度上使投资者更便捷地做出资安排，所以成为实务中常见的持股变通方式。

那么股权代持（包括合伙份额代持）应如何进行涉税处理呢？

案例27：代持股收回方法对了，税便省了

案例背景

1. 南京：通过司法判决确定代持协议效力，实现0元代持股回归

南京冠石科技股份有限公司招股说明书披露，公司股东张建巍股权由他人代持，为使税务认可无偿转让解除代持，各方约定采用司法判决的方式对历史上曾经存在的股权代持关系进行确认，南京冠石科技股份有限公司招股说明书节选内容如下。

（1）2012年6月，有限公司第一次股权转让，形成股权代持。

股东张建巍自2011年开始筹划子女赴美留学事宜并计划长期在美国陪读，考虑到未来可能频繁、长时间赴美，为避免作为公司股东长期不在国内，影响公司正常经营（如无法及时办理相关工商登记手续等），张建巍安排两名亲属代其持有公司全部股权。

2012年5月15日，张建巍分别与费菊芬、范红岩签署《股权代持协议》，由费菊芬代张建巍持有有限公司60%出资份额，范红岩代张建巍持有有限公司40%出资份额。费菊芬为张建巍配偶马晓叶之姨母，范红岩为张建巍弟弟张建桥之配偶，两人均认可上述代持原因。

2012年5月23日，有限公司召开股东会，全体股东一致同意股东张建巍将其持有的有限公司30万元出资额作价30万元转让给费菊芬，股东牟宗团将其持有的有限公司20万元出资额作价20万元转让给范红岩。上述股权转让定价系参考原股东的原始出资额确定。同日，张建巍、牟宗团分别与费菊芬、范红岩签署《股权转让协议》。费菊芬并未向张建巍实际支付股权转让款，范红岩向牟宗团支付的股权转让

款来自股权实际持有人张建巍向其支付的现金。未采用转账方式的原因，系张建巍以前习惯使用现金，认为亲属之间使用现金更加方便。

（2）2016年3月，有限公司第二次股权转让，解除股权代持。

南京冠石科技股份有限公司于2015年7月起筹划登陆资本市场事宜并聘请了相关中介机构。通过与中介机构的接触，张建巍意识到股权代持事项直接影响公司上市，故决定进行股权代持还原。

2015年11月20日，南京冠石科技股份有限公司召开股东会，全体股东一致同意公司原股东费菊芬将其持有的公司60万元出资额作价0元转让给股东张建巍，范红岩将其持有的公司40万元出资额作价0元转让给股东张建巍，上述股权转让系解除代持，股权还原，故股权转让定价均为0元。

由于张建巍与费菊芬、范红岩并非直系亲属，上述解除股权代持相关事项难以在税务上得到认可，因此经相关自然人协商，决定采取司法判决的方式对历史上曾经存在的股权代持关系进行确认。

根据南京市玄武区人民法院于2017年10月19日作出的（2017）苏0102民初6272/3号《民事判决书》，"本案中，原、被告于2012年5月15日签订的股权代持协议系当事人真实意思表示，内容没有违反法律、行政法规的强制性规定，协议合法有效。" 2名代持人作为被告辩称："对原告诉称的代持股事实及诉请请求均不持异议，现愿意将利润分配款返还给原告。"

本次起诉前，费菊芬、范红岩已配合张建巍完成股权还原，但张建巍为确定股权关系，避免未来产生纠纷的可能，故以费菊芬、范红岩未返还股东利润分配款为由，以诉讼方式确定股权关系。

南京市玄武区人民法院作出一审判决后，费菊芬、范红岩均未提起上诉。至此，张建巍与费菊芬、范红岩自2012年5月形成的股权代持关系已彻底解除。

2. 广西壮族自治区税务局：向实际股东追缴个税

在广西天盛矿业有限公司（简称天盛公司）股权转让案中，穿透名义股东唐某某，将实际股东罗某（其实际持有天盛公司40%股权委托唐某某代持）认定为代持股转让所得的纳税义务人，向其追缴个人所得税。税务处理决定书见图4-1。

国家税务总局广西壮族自治区税务局第一稽查局
税务处理决定书

桂税一稽处〔2020〕25号

罗坚(身份证号码 ×××××××××××××××××××)：

我局对你在2011年1月1日至2019年12月31日转让广西天盛矿业有限公司股权涉及的个人所得税涉税情况进行检查，违法事实及处理决定如下：

一、违法事实

2011年3月10日，广西天盛矿业有限公司（以下简称天盛公司）与深圳市宝源升贸易有限公司（以下简称宝源升公司）签订了一份《股权收购协议》，股权转让金额53000000.00元。天盛公司原股东陈国宁、唐宏辉将所持有的天盛公司股权转让给宝源升公司及其指定方杨建，其中陈国宁持股60%、唐宏辉持股40%。经向陈国宁核实：陈国宁实际持股30%，代李盛长持股30%，罗坚40%股权由唐宏辉代持。同时，广东省深圳市中级人民法院民事判决书（2018）粤03民终19043号认定：天盛公司工商登记的股东为陈国宁60%、唐宏辉40%，罗坚40%股权由唐宏辉代持。罗坚在《股权收购协议》中实际转让40%的股权。

根据《中华人民共和国个人所得税法》（以下简称《个人所得税法》）第二条第一款第（八）项、第三条第（三）项、第六条第一款第（五）项，《股权转让所得个人所得税管理办法》（国家税务总局公告2014年第67号）第三条第（一）项、第四条、第五条、第十五条、第十九条、第二十条的规定，你转让天盛公司股权给宝源升公司及杨建，宝源升公司向你支付了部分股权转让款，并完成了工商的股权变更登记，作为股权实际转让方，是个人所得税的纳税人，应按"财产转让所得"申报缴纳个人所得税，你应向国家税务总局南宁市青秀山风景区税务局申报缴纳个人所得税。

图4-1　税务处理决定书

税法小知识

（1）根据《国家税务总局关于发布〈股权转让所得个人所得税管理办法（试行）〉的公告》（国家税务总局公告2014年第67号）相关规定：

第四条　个人转让股权，以股权转让收入减除股权原值和合理费用后的余额为应纳税所得额，按"财产转让所得"缴纳个人所得税。

合理费用是指股权转让时按照规定支付的有关税费。

第五条　个人股权转让所得个人所得税，以股权转让方为纳税人，以受让方为扣缴义务人。

第十二条　符合下列情形之一，视为股权转让收入明显偏低：

（一）申报的股权转让收入低于股权对应的净资产份额的。其中，被投资企业拥有土地使用权、房屋、房地产企业未销售房产、知识产权、探矿权、采矿权、股权等资产的，申报的股权转让收入低于股权对应的净资产公允价值份额的；

（二）申报的股权转让收入低于初始投资成本或低于取得该股权所支付的价款及相关税费的；

（三）申报的股权转让收入低于相同或类似条件下同一企业同一股东或其他股东股权转让收入的；

（四）申报的股权转让收入低于相同或类似条件下同类行业的企业股权转让收入的；

（五）不具合理性的无偿让渡股权或股份；

（六）主管税务机关认定的其他情形。

（2）根据《国家税务总局关于企业转让上市公司限售股有关所得税问题的公告》（国家税务总局公告2011年第39号）规定：

二、企业转让代个人持有的限售股征税问题

因股权分置改革造成原由个人出资而由企业代持有的限售股，企业在转让时按以下规定处理：

（一）企业转让上述限售股取得的收入，应作为企业应税收入计算纳税。

上述限售股转让收入扣除限售股原值和合理税费后的余额为该限售股转让所得。企业未能提供完整、真实的限售股原值凭证，不能准确计算该限售股原值的，主管税务机关一律按该限售股转让收入的15%，核定为该限售股原值和合理税费。

依照本条规定完成纳税义务后的限售股转让收入余额转付给实际所有人时不再纳税。

（二）依法院判决、裁定等原因，通过证券登记结算公司，企业将其代持的个人限售股直接变更到实际所有人名下的，不视同转让限售股。

控税分析

股权代持的涉税行为主要体现在股权转让环节和股息红利分红时，如何缴纳个人所得税或企业所得税。

目前国家税务总局层面关于股权代持只有一个规范性文件，即《国家税务总局关于企业转让上市公司限售股有关所得税问题的公告》（国家税务总局公告2011年第39号），该公告对因股权分置改革造成原由个人出资而由企业代持有的限售股，企业在转让时如何缴纳税款进行了规定，同时规定了依法院判决、裁定等原因，通过证券登记结算公司，企业将其代持的个人限售股直接变更到实际所有人名下的，不视同转让限售股。即限售股代持还原时不视同转让行为，不缴税。

税务机关是否承认除上述限售股以外其他股权代持，目前主流观点是：不承认。

通过对以上案例和税收政策的分析，我们发现，向税务机关解释代持股是比较麻烦的一件事。尽管税收政策对股权代持收益的处理提供了规范依据，但基于证券监管对股权清晰的严格要求，上市公司股权代持行为本身被严格禁止且属于不规范操作。

对于非上市公司而言，税务机关对其股权代持是否承认？目前主流观点是：不承认。那到底要怎么做，税务机关才能承认呢？参照案例27的第1个案例，通过司法判决确定代持协议效力。

第二节　对赌与跟投合同签订方式与纳税规划

一、"对赌协议"对赌的是效益，陪跑的是税款

众所周知，在我国赌博是违法行为，不被法律允许。那是不是任何有关"赌"的事都是违法的呢？当然不是！

大家耳熟能详的"上市对赌"协议合法吗？什么是对赌协议？"对赌协议"是在"赌"什么？让我们以2015年华谊兄弟的一次股权转让对赌作为切入点，揭开"对赌协议"的神秘面纱。

案例28：对赌协议是一门艺术，用好了是致富的渠道

案例背景

2015年11月，华谊兄弟发布公告称，拟以10.5亿元的股权转让

价款收购浙江东阳美拉传媒有限公司 (以下简称东阳美拉) 的股东冯某某和陆国强合计持有的目标公司 70% 的股权。

公开资料显示，东阳美拉主营业务是影视剧项目的投资、制作，影视剧本创作、策划、交易等。其储备和开发的项目包括电影《手机2》、电影《念念不忘》、电影《非诚勿扰 3》、电影《丽人行》、电视剧《12 封告白信》以及综艺节目等。

老股东做出的业绩承诺，承诺期限为 5 年，自标的股权转让完成之日起至 2020 年 12 月 31 日止，其中 2016 年度是指标的股权转让完成之日起至 2016 年 12 月 31 日止，2016 年度承诺的业绩目标为目标公司当年经审计的税后净利润不低于人民币 1 亿元，自 2017 年度起，每个年度的业绩目标为在上一个年度承诺的净利润目标基础上增长 15%，若未能完成该目标，冯某某将以现金补足差额。（这就是对赌协议）

实际东阳美拉在对赌期限内，经营情况怎么样呢？

2015 年，东阳美拉实现营业收入 6337.74 万元，实现净利润 4602.67 万元。

2016 年，东阳美拉实现营业收入 9415.13 万元，实现净利润 5511.39 万元。股权转让完成至 2016 年末，东阳美拉实现归母税后净利润 10 152.84 万元，达到业绩承诺。

2017 年，东阳美拉实现营业收入 23 087.67 万元，实现净利润 11 699.95 万元，高于业绩目标 1.15 亿元，实现业绩承诺。

2018 年，东阳美拉仅实现净利润 6501.50 万元，未达到业绩目标 13 225 万元，未实现业绩承诺。

2019 年，东阳美拉实现净利润 16 427.12 万元，高于业绩目标

15 208.75 万元，完成业绩承诺。

2020 年，东阳美拉实现净利润 552.38 万元，未达到业绩目标 17 490.06 万元，未实现业绩承诺。

2021 年、2022 年，东阳美拉的净利润分别为 6975.55 万元、457.71 万元。2018 年至 2022 年，华谊兄弟连续 5 年对东阳美拉资产组计提了商誉减值准备。

税法小知识

（1）根据《国家税务总局关于发布〈股权转让所得个人所得税管理办法（试行）〉的公告》（国家税务总局公告 2014 年第 67 号）第四条规定：个人转让股权，以股权转让收入减除股权原值和合理费用后的余额为应纳税所得额，按"财产转让所得"缴纳个人所得税。合理费用是指股权转让时按照规定支付的有关税费。

（2）根据《中华人民共和国个人所得税法》第三条第（三）项规定：利息、股息、红利所得，财产租赁所得，财产转让所得和偶然所得，适用比例税率，税率为百分之二十。

（3）根据《中华人民共和国企业所得税法实施条例》第二十一条规定：企业所得税法第六条第（八）项所称接受捐赠收入，是指企业接受的来自其他企业、组织或者个人无偿给予的货币性资产、非货币性资产。接受捐赠收入，按照实际收到捐赠资产的日期确认收入的实现。

控税分析

天眼查关于"浙江东阳美拉传媒有限公司"的注册及股东信息显示：

原股东为：冯某某和陆国强（冯某某持股99%，陆国强持股1%），注册资金500万元人民币。

现在股东为：华谊兄弟传媒股份有限公司和冯某某（华谊兄弟传媒股份有限公司持股70%，冯某某持股30%），注册资金仍然为500万元人民币。（截止到2024年10月23日股权变更之前）

下面我们来看一下税款的缴纳情况：

情形一：假设未实现业绩目标。

（1）股权收购环节原股东应缴纳个人所得税：$10.5 \times 20\% = 2.1$（亿元），因原股权成本太低，为了便于计算，暂不考虑成本扣除。

（2）假设对赌期内，没有完成业绩目标，则按照2016年承诺的业绩目标为当年经审计的税后净利润不低于人民币1亿元，此后每年以15%的比例增长，承诺期限5年，算下来也就是约6.74亿元［即东阳美拉应缴纳企业所得税：$6.74 \times 25\% = 1.685$（亿元）］。

缴完企业所得税后，冯某某仍然可以分红30%［即冯某某税后红利 $6.74 \times 75\% \times 30\% \times 80\% = 1.2132$（亿元）］。

通过分析，假设在对赌期内，未实现任何业绩目标，则冯某某可从中获得收益：$10.5 - 2.1 - 6.74 + 1.2132 = 2.8732$（亿元）。

（3）分红环节的个税。

根据对赌协议，若东阳美拉未完成业绩目标（如情形一假设的6.74亿元利润目标），需补足差额。

东阳美拉需先缴纳企业所得税：$6.74 \times 25\% = 1.685$（亿元），税后利润为 $6.74 \times 75\% = 5.055$（亿元）。

冯某某持有东阳美拉30%股权，可分红：$5.055 \times 30\% = 1.5165$

（亿元）。

冯某某分红应纳个人所得税：1.5165×20%≈0.3（亿元）。

情形二：5年承诺期，实际实现利润4.53亿元。

（1）股权收购环节原股东应缴纳个人所得税同上。

（2）东阳美拉实际实现利润4.53亿元，距业绩承诺目标6.74亿元差2.21亿元，由冯某某以现金补足差额。

未全额实现业绩目标情形下，冯某某可从中获得收益：10.5-2.1-2.21+1.2132≈7.4（亿元）。

通过对以上两种情形的分析，无论是情形一还是情形二，冯某某与东阳美拉累计缴纳所得税2.1+1.685+0.3=4.085（亿元）。所以说，"对赌协议"对赌的是效益，陪跑的是税款。

二、项目跟投协议如何签订，税负最低

案例29：员工项目跟投激励、跟投形式对税负的影响不容忽视

案例背景

浙江ABC有限公司项目跟投管理办法

（2024年1月制订）

第一章　总则

为推动公司高质量发展，建立健全投资项目风险与收益共担共享机制，根据《中华人民共和国公司法》《中华人民共和国合伙企业法》以及其他有关法律、法规、部门规章、规范性文件和《浙江ABC有限公司章程》《浙江ABC有限公司对外投资管理制度》的规定，特

制订《浙江 ABC 有限公司项目跟投管理办法》（以下简称"本办法"），以充分调动员工积极性、激发员工创新创业激情；将股东利益、公司利益和员工个人利益有机结合，以体现共创、共担和共享的价值观；建立良好、均衡的价值分配体系，支持公司战略实现和长期可持续发展。

第二章　跟投管理机构

公司设立跟投委员会，负责审批具体项目跟投方案。跟投委员会主任由董事长担任，委员由公司任职的相关董事、监事、高级管理人员组成。跟投委员会下设跟投执行小组，跟投执行小组成员由跟投委员会选任和解聘。跟投执行小组负责项目跟投方案的执行和日常管理，具体负责：跟投平台的设立和日常管理，包括办理设立、变更、注销手续、文档管理等；跟投协议的签订、跟投人员的进入与退出内部手续办理；跟投对象缴纳资金、缴纳跟投相关费用及兑付跟投收益、税务处理、聘请第三方机构对项目公司进行估值或以其他合理的方式确定公允价格等事项。项目负责人负责拟订具体项目跟投方案，涵盖跟投形式、跟投平台、持股架构、跟投人员、跟投总量、跟投价格、额度分配、出资时点、资金来源和时间安排、退出机制、特殊情形处理等。

第三章　跟投项目类型

跟投项目类型分为财务投资类项目和产业投资类项目。财务投资类项目是指不参与具体经营，仅获取财务回报的项目（不包括股票投资）；产业投资类项目是指符合公司战略布局，公司参与其具体经营的项目，包含有上市计划的项目、无上市计划的项目。不同类型项目的跟投比例、跟投分配标准等由跟投委员会最终确定。

第四章　跟投人员范围

（一）财务投资类项目

跟投人员应包括投资团队，公司相关董事、监事、高级管理人员及与跟投业务关联程度较高、对跟投业务的经营业绩和持续发展有直接影响的相关中层管理人员、核心技术/业务骨干，以及跟投委员会认为有必要参与跟投的其他人员。投资团队强制性跟投，公司相关董事、监事、高级管理人员及相关中层管理人员、核心技术/业务骨干自愿性跟投。

符合跟投条件的新增人员，仅对其符合跟投条件后所参与的项目进行跟投。

（二）产业投资类项目

跟投人员应包括投资团队，项目公司核心管理团队，项目公司核心员工，公司相关董事、监事、高级管理人员及与跟投业务关联程度较高、对跟投业务的经营业绩和持续发展有直接影响的相关中层管理人员、核心技术/业务骨干，以及跟投委员会认为有必要参与跟投的其他人员。投资团队、项目公司核心管理团队强制性跟投，项目公司核心员工，公司相关董事、监事、高级管理人员及相关中层管理人员、核心技术/业务骨干自愿性跟投。符合跟投条件的新增人员，仅对其符合跟投条件后所参与的新项目进行跟投。

第五章　跟投形式

跟投人员通过跟投平台间接持有跟投项目公司股权，原则上不直接持股。每一跟投项目设立专有的跟投平台，跟投平台为有限合伙企业或跟投委员会批准的其他形式。跟投平台不得从事除持股以外的任何经营活动。跟投平台原则上为有限合伙企业，其普通合伙人由跟投委员会确定，执行合伙事务；其余跟投人员为跟投平台的有限合伙人。如跟投平台为其他形式，其管理方/负责人由跟投委员会确定。跟投人员不得直接或间接私自买卖、赠送、质押或以其他方式处置跟投股权，也不得代他人持有跟投股权或通过其他方式防范本办法规定的跟投要求。

第六章 跟投出资方式

现金方式出资，原则上资金来源于本人自筹。跟投人员必须确保资金来源合法，因资金来源不合法导致的法律风险或经济损失由跟投人员自行承担，如造成公司或其他跟投人员损失的，由该跟投人员负责赔偿。

第七章 跟投收益

跟投人员按照持股比例同其他股东享有相同的收益权。

（一）财务投资类项目跟投收益主要来自股权退出收益。

（二）产业投资类项目

1.有上市计划的项目：跟投收益主要来自项目公司上市后，出售解禁股票所带来的收益及/或项目公司的相关分红收益。

2.无上市计划的项目：跟投收益主要来自分红和股权退出收益。

3.有上市计划的项目在运营管理过程中若经跟投委员会审批转为无上市计划的成熟项目，则可设置股权退出窗口期，由公司/公司指定平台回购跟投人员股权。

员工跟投收益产生的相关税费，由跟投人员个人承担。如公司有代扣代缴义务，公司将依法予以代扣代缴。

第八章 跟投退出机制

（一）项目公司发生变动情形

1. 独立上市：跟投项目公司成功上市，满足上市公司股票解禁条件后，由跟投平台的普通合伙人经跟投委员会授权后决定退出事宜。

2. 出资转让：经跟投委员会授权，跟投平台的普通合伙人有权决定将跟投平台对项目公司的出资按照公允价格转让给其他投资者。员工与公司退出保持一致，即公司转让出资时享有相应比例的随售权。项目公司增发、资本公积转增、股票拆细、配股或缩股等资本结构重组的，按原跟投方案继续执行。

（二）跟投人员发生变动情形

1. 跟投人员因调动、退休、丧失劳动能力、死亡等原因解除或者终止劳动关系时，跟投退出方案一事一议，经跟投委员会讨论最终确定。项目公司上市后，按照上市公司相关规定执行。

2. 跟投人员发生职务变动、返聘留用时，跟投退出方案一事一议，经跟投委员会讨论最终确定。

3. 跟投人员因不胜任被公司辞退、主动离职等解除或者终止劳动关系时，跟投退出方案一事一议，经跟投委员会讨论最终确定。

4. 跟投人员发生侵吞、贪污、利益输送、挥霍公司资产等违法和违纪等过错时，跟投委员会有权单方决定其是否退出。跟投退出方案一事一议，经跟投委员会讨论最终确定。如跟投人员对企业负有赔偿或其他给付责任的，公司可从股权转让价款中优先受偿。

5. 跟投人员对公司负有竞业限制义务或其他保密义务的，跟投委员会有权决定推迟该跟投人员的股权变现，直至其履行完毕相应义务后退出。

第九章 附则

本办法由公司董事会负责解释。本办法经股东大会批准之日起生效，修改时亦同。本办法施行后，与法律、法规及监管规定不符的按法律、法规及监管规定执行。

税法小知识

（1）根据《财政部 国家税务总局关于合伙企业合伙人所得税问题的通知》（财税〔2008〕159号）相关规定：

二、合伙企业以每一个合伙人为纳税义务人。合伙企业合伙人是自然人的，缴纳个人所得税；合伙人是法人和其他组织的，缴纳企业所得税。

三、合伙企业生产经营所得和其他所得采取"先分后税"的原则……生产经营所得和其他所得，包括合伙企业分配给所有合伙人的所得和企业当年留存的所得（利润）。

四、合伙企业的合伙人按照下列原则确定应纳税所得额：

（一）合伙企业的合伙人以合伙企业的生产经营所得和其他所得，按照合伙协议约定的分配比例确定应纳税所得额。

（二）合伙协议未约定或者约定不明确的，以全部生产经营所得和其他所得，按照合伙人协商决定的分配比例确定应纳税所得额。

（三）协商不成的，以全部生产经营所得和其他所得，按照合伙人实缴出资比例确定应纳税所得额。

（四）无法确定出资比例的，以全部生产经营所得和其他所得，按照合伙人数量平均计算每个合伙人的应纳税所得额。

注意：合伙协议不得约定将全部利润分配给部分合伙人。

（2）根据《国家税务总局关于〈关于个人独资企业和合伙企业投资者征收个人所得税的规定〉执行口径的通知》（国税函〔2001〕84号）关于个人独资企业和合伙企业对外投资分回利息、股息、红利的征税问题：

个人独资企业和合伙企业对外投资分回的利息或者股息、红利，不并入企业的收入，而应单独作为投资者个人取得的利息、股息、红利所得，按"利息、股息、红利所得"应税项目计算缴纳个人所得税。以合伙企业名义对外投资分回利息或者股息、红利的，应按《通知》所附规定的第五条精神确定各个投资者的利息、股息、红利所得，分别按"利息、股息、红利所得"应税项目计算缴纳个人所得税。

注意：法人合伙人取得的分红不享受居民企业免征企业所得税优惠。

（3）根据《财政部 国家税务总局关于印发〈关于个人独资企业和合伙企业投资者征收个人所得税的规定〉的通知》（财税〔2000〕91号）附件1《关于个人独资企业和合伙企业投资者征收个人所得税的规定》相关规定：

第四条 个人独资企业和合伙企业（以下简称企业）每一纳税年度的收入总额减除成本、费用以及损失后的余额，作为投资者个人的生产经营所得，比照个人所得税法的"个体工商户的生产经营所得"应税项目，适用 5%～35% 的五级超额累进税率，计算征收个人所得税。

（4）根据《国家税务总局关于个人终止投资经营收回款项征收个人所得税问题的公告》（国家税务总局公告 2011 年第 41 号）第一条规定：

个人因各种原因终止投资、联营、经营合作等行为，从被投资企业或合作项目、被投资企业的其他投资者以及合作项目的经营合作人取得股权转让收入、违约金、补偿金、赔偿金及以其他名目收回的款项等，均属于个人所得税应税收入，应按照"财产转让所得"项目适用的规定计算缴纳个人所得税。

应纳税所得额的计算公式如下：

应纳税所得额 = 个人取得的股权转让收入、违约金、补偿金、赔偿金及以其他名目收回款项合计数 - 原实际出资额（投入额）及相关税费

（5）根据《财政部 国家税务总局 证监会关于个人转让上市公司限售股所得征收个人所得税有关问题的通知》（财税〔2009〕167 号）第一条规定：自 2010 年 1 月 1 日起，对个人转让限售股取得的所得，按照"财产转让所得"，适用 20% 的比例税率征收个人所得税。

控税分析

1. 通过对《浙江 ABC 有限公司项目跟投管理办法》及相关税收政策的分析，可以得出以下几个方面的结论：

（1）企业对员工的项目跟投激励，一般通过持股平台开展，持股平台的形式主要为：有限合伙企业、普通合伙企业、有限责任公司，

这三种形式居多，而且员工在持股平台中，一般都不执行合伙企业的事务，也就是说，只享受收益，不具有股东表决权益。

（2）财务投资类项目跟投收益主要来自"股权退出收益"。也就是说，员工退出股权所取得的"股权转让收入、违约金、补偿金、赔偿金及以其他名目收回的款项等"，均应按照"财产转让所得"项目规定计算缴纳个人所得税，计算公式为：应纳税所得额＝个人取得的股权转让收入、违约金、补偿金、赔偿金及以其他名目收回款项合计数－原实际出资额（投入额）及相关税费。

（3）有上市计划的项目，跟投收益主要来自项目公司上市后"出售解禁股票所带来的收益及/或项目公司的相关分红收益"。也就是说，员工上市后"出售解禁股票所带来的收益"需要按照"财产转让所得"，缴纳个人所得税，取得"项目公司的相关分红收益"需要按照"股息红利"缴纳个人所得税。

同样，无上市计划的项目，员工取得跟投收益主要来自"分红和股权退出收益"，与上述缴税模式一样。

2.通过分析以上员工取得的不同项目跟投收益，我们得出以下几种结论：

（1）项目跟投平台为合伙企业（无论是有限合伙企业还是普通合伙企业），取得"分红收益"（注意：这是合伙人取得收益，也就是员工取得收益）需要按"股息、红利"项目20%的税率缴纳个人所得税，由平台公司代扣代缴。

（2）项目跟投平台为合伙企业（无论是有限合伙企业还是普通合

伙企业），取得"出售解禁股票收益"（注意：这是合伙企业对外投资转股收益）分配给自然人合伙人后，需要比照个人所得税法的"个体工商户的生产经营所得"应税项目，适用5%～35%的五级超额累进税率，计算缴纳个人所得税。

（3）项目跟投平台为有限公司，取得"分红收益"（注意：公司从直接投资企业取得的股息红利收益为免税收入），如果分配给自然人股东，需要按"股息、红利"项目20%的税率缴纳个人所得税，由平台公司代扣代缴。

（4）项目跟投平台为有限公司，取得"出售解禁股票收益"［注意：这是财产转让收益，如果公司有收益，需要缴纳25%的企业所得税（不考虑小微企业、高新技术企业等特殊情形）］分配给自然人股东后，需要按"股息、红利"项目20%的税率缴纳个人所得税，由平台公司代扣代缴。

通过对以上4种情形的分析，你觉得什么样的企业类型作为持股平台最划算呢？

三、出资协议用好了，节税效果便有了

近期王四准备投资注册一家公司，项目不错，前景也非常好，那么，如何出资，才能有效节税呢？

案例30：用"借款"替代"注册资本"，可实现节税

案例背景

王四和几个朋友计划成立一家技术服务公司A（股东全为自然

人),前期专业设备投入2200万元、办公场所投入1500万元、其他投入500万元,共计4200万元。为了减少经营的责任风险,计划注册资本为500万元。其他3700万元该如何列支,才能使股东整体税负最低呢?

税法小知识

(1)根据《国家税务总局关于企业向自然人借款的利息支出企业所得税税前扣除问题的通知》(国税函〔2009〕777号)相关规定:

一、企业向股东或其他与企业有关联关系的自然人借款的利息支出,应根据《中华人民共和国企业所得税法》(以下简称税法)第四十六条及《财政部、国家税务总局关于企业关联方利息支出税前扣除标准有关税收政策问题的通知》(财税〔2008〕121号)规定的条件,计算企业所得税扣除额。

二、企业向除第一条规定以外的内部职工或其他人员借款的利息支出,其借款情况同时符合以下条件的,其利息支出在不超过按照金融企业同期同类贷款利率计算的数额的部分,根据税法第八条和税法实施条例第二十七条规定,准予扣除。

(一)企业与个人之间的借贷是真实、合法、有效的,并且不具有非法集资目的或其他违反法律、法规的行为;

(二)企业与个人之间签订了借款合同。

(2)根据《财政部 国家税务总局关于企业关联方利息支出税前扣除标准有关税收政策问题的通知》(财税〔2008〕121号)相关规定:

一、在计算应纳税所得额时,企业实际支付给关联方的利息支出,不超过以下规定比例和税法及其实施条例有关规定计算的部分,准予扣除,超过的部分不得在发生当期和以后年度扣除。

企业实际支付给关联方的利息支出,除符合本通知第二条规定外,其接受关联方债权性投资与其权益性投资比例为:

(一)金融企业,为5∶1;

(二)其他企业,为2∶1。

二、企业如果能够按照税法及其实施条例的有关规定提供相关资料,并证明相关交易活动符合独立交易原则的;或者该企业的实际税负不高于境内关联方的,其实际支付给境内关联方的利息支出,在计算应纳税所得额时准予扣除。

三、企业同时从事金融业务和非金融业务,其实际支付给关联方的利息支出,应按照合理方法分开计算;没有按照合理方法分开计算的,一律按本通知第一条有关其他企业的比例计算准予税前扣除的利息支出。

四、企业自关联方取得的不符合规定的利息收入应按照有关规定缴纳企业所得税。

(3)根据《国家税务总局关于原城市信用社在转制为城市合作银行过程中个人股增值所得应纳个人所得税的批复》(国税函〔1998〕289号)第二条规定:《国家税务总局关于股份制企业转增股本和派发红股征免个人所得税的通知》(国税发〔1997〕198号)中所表述的"资本公积金"是指股份制企业股票溢价发行收入所形成的资本公积金。将此转增股本由个人取得的数额,不作为应税所得征收个人所得税。而与此不相符合的其他资本公积金分配个人所得部分,应当依法征收个人所得税。

案例分析

1. 注册资本以外投入的3700万元,以企业借款形式列支,如何交税

(1)企业向股东借款,单位给股东开借款收据,根据收据入账。

借:银行存款　　4200万元

　　贷:实收资本　　500万元

　　　　其他应付款——XX股东3700万元

(2)借款有利息,要签订借款协议(合同),协议(合同)中写明借款年利率,到期时,按协议(合同)中约定的借款年利率计算利息。

(3)向个人支付利息(假设年利率6.5%),个人要缴纳增值税、城建税及教育费附加、企业要代扣代缴20%的个人所得税。

年利息 =3700×6.5%=240.5(万元)

增值税 =240.5/(1+3%)×3%≈7(万元)

城建税及教育费附加 =7×12%=0.84(万元)

个人所得税 =240.5/(1+3%)×20%≈46.7(万元)

资金账簿印花税 =500×0.25‰=0.125(万元)

共计应缴纳税金 =7+0.84+46.7+0.125=54.665(万元)

(4)企业如果能够按照企业所得税法及其实施条例的有关规定提供相关资料,并证明相关交易活动符合独立交易原则的(其利息支出

不超过按照金融企业同期同类贷款利率计算的数额）；或者该企业的实际税负不高于境内关联方的，其实际支付给境内关联方的利息支出，在计算应纳税所得额时准予扣除。

（5）在计算应纳税所得额时，企业实际支付给关联方的利息支出，债权性投资与其权益性投资不超过 2：1 比例的部分，准予扣除，超过的部分不得在发生当期和以后年度扣除。如果不符合独立交易原则，则 A 公司企业所得税税前可扣除利息限额为 1000×6.5%=65（万元）。

2.注册资本以外投入的3700万元，以资本公积形式列支，如何交税

（1）公司股东实际出资高于注册资本的部分，记入资本公积，单位应该给股东开收据，根据收据入账。

借：银行存款　　4200 万元

　贷：实收资本　　500 万元

　　　资本公积　　3700 万元

（2）印花税按记载资金的账簿缴纳，按实收资本和资本公积的合计金额的 0.25‰贴花。

印花税 =4200×0.25‰ =1.05（万元）

控税分析

通过分析以上两种不同的出资方式可知，税金差异很明显，对于投资者来说，企业后续的发展无非是两种情况：

以资本公积列支：如果经营状况乐观的话，肯定会需要追加投资或改变股权结构，这个时候，通过资本公积转增资本，是最合适的，也是最理想的，但无形中会增加企业的税负，自然人股东以"资本公积"转增资本，需要缴纳20%的个人所得税，另外，企业资金流充足时，资本公积无法进行分配。

以公司借款列支：如果经营状况乐观的话，借款利息能够在企业所得税税前列支，即可以降低企业所得税，同时，以利息的形式将资金从公司支出，也不同缴纳"股息红利"项目的个人所得税，能够降低企业的综合税负，企业资金流充足时，还可以归还借款，一举多得。

因此，企业期初超过注册资本部分的投入，从长远的角度来看，建议列入"借款"。

第五章　中介合同签订方法与风险防范

第一节　居间合同签订方法与风险防范

一、阴阳合同不能签，当心赔了夫人又折兵

案例31：范某某、郑某某签"阴阳合同"付出的代价太大

案例背景（一）

按照官方通报，2018年6月初，群众举报范某某"阴阳合同"涉税问题。范某某在某电影剧组拍摄过程中实际取得片酬3000万元，其中1000万元已经申报纳税，其余2000万元以拆分合同方式偷逃个人所得税618万元，少缴营业税及附加112万元，合计730万元。

此外，还查出范某某及其担任法定代表人的企业少缴税款 2.48 亿元，其中偷逃税款 1.34 亿元。

江苏省税务局依据有关规定对范某某及其名下企业追缴税款、加收滞纳金、处以罚款，共计 8 亿余元，并在国家税务总局责令下，依法处分了原无锡市地方税务局局长等多人。

案例背景（二）

2021 年 4 月，张某某实名举报郑某某偷税漏税，并告知国家税务总局。他提供了郑某某一家人偷税漏税的聊天记录。举报资料显示，郑某某在拍摄某电视剧时获得了 1.6 亿元的高额片酬，其中包含对某公司增资的 1.12 亿元"阴合同"。

在张某某曝光的视频中，郑某某一开始并不满意 1.5 亿元的片酬，开口叫价 1.8 亿元，随之通过谈判才定价为 1.6 亿元，而郑某某拍摄该电视剧的时间一共是 77 天。

但按照规定，其总工资不能超过 5000 万元，因此郑某某方采用"阴阳合同"降低"明面上"的片酬，并涉嫌偷税漏税。其中"阳合同"约定片酬为 4800 万元，让郑某某以 ABC 影视文化有限公司签约艺人的身份逃避个人所得税；"阴合同"约定乙方向郑某某母亲实控公司增资 1.12 亿元。

2021 年 8 月，郑某某被税务部门追缴税款、加收滞纳金并处罚款共计 2.99 亿元。

税法小知识

（1）根据《最高人民法院 最高人民检察院关于办理危害税收征管刑事案件适用法律若干问题的解释》（法释〔2024〕4号）规定：

第一条　纳税人进行虚假纳税申报，具有下列情形之一的，应当认定为刑法第二百零一条第一款规定的"欺骗、隐瞒手段"：

（一）伪造、变造、转移、隐匿、擅自销毁账簿、记账凭证或者其他涉税资料的；

（二）以签订"阴阳合同"等形式隐匿或者以他人名义分解收入、财产的；

……

（2）根据《中华人民共和国刑法》第二百零一条规定：

纳税人采取欺骗、隐瞒手段进行虚假纳税申报或者不申报，逃避缴纳税款数额较大并且占应纳税额百分之十以上的，处三年以下有期徒刑或者拘役，并处罚金；数额巨大并且占应纳税额百分之三十以上的，处三年以上七年以下有期徒刑，并处罚金。

扣缴义务人采取前款所列手段，不缴或者少缴已扣、已收税款，数额较大的，依照前款的规定处罚。

对多次实施前两款行为，未经处理的，按照累计数额计算。

有第一款行为，经税务机关依法下达追缴通知后，补缴应纳税款，缴纳滞纳金，已受行政处罚的，不予追究刑事责任；但是，五年内因逃避缴纳税款受过刑事处罚或者被税务机关给予二次以上行政处罚的除外。

控税分析

1. 范某某事件

从法律角度看,范某某通过拆分合同隐匿收入的行为,完全符合《最高人民法院 最高人民检察院关于办理危害税收征管刑事案件适用法律若干问题的解释》中对"欺骗、隐瞒手段"的认定标准。倘若未被税务机关及时查处并给予处罚,按照《中华人民共和国刑法》的规定,她极有可能面临刑事处罚。由于范某某在税务机关依法下达追缴通知后,积极补缴了应纳税款,缴纳了滞纳金,并接受了行政处罚,依据法律规定可不予追究刑事责任。

2. 郑某某事件

郑某某签订"阴阳合同"以隐匿收入的做法,同样符合"欺骗、隐瞒手段"的认定情形。若未被税务机关查处和处罚,也可能面临刑事处罚。目前案例中暂未明确郑某某是否符合不予追究刑事责任的条件。

3. 综合分析

这些案例深刻地反映出部分演员在巨额利益的诱惑下,不惜采用违法手段偷逃税款,严重破坏了税收征管秩序。税务机关对范某某和郑某某的严厉查处,表明了国家对税收违法行为的零容忍态度。这不仅为演艺圈乃至整个社会敲响了警钟,也提醒公众尤其是高收入群体,必须严格遵守法律法规,依法纳税,不得通过不正当手段逃避纳税义务。任何企图通过"阴阳合同"等违法方式隐匿收入的行为,都必将面临法律的严厉制裁。同时,这些案例也凸显了加强税收监管、完善税收制度的重要性，以确保税收公平，维护国家财政收入和经济秩序的稳定。

二、居间合同不会签，税款缴纳成倍翻

案例32：居间合同以"个人"还是以"公司"名义签订？纳税有差异

案例背景

2024年11月，小王介绍张三与李四之间达成房产交易，小王收取张三居间佣金，那么，居间合同以"个人"名义签订还是以"公司"名义签订？

税法小知识

（1）根据《财政部 税务总局关于增值税小规模纳税人减免增值税政策的公告》（财政部 税务总局公告2023年第19号）规定：从2023年1月1日至2027年12月31日，对月销售额10万元以下（含本数）的增值税小规模纳税人，免征增值税。增值税小规模纳税人适用3%征收率的应税销售收入，减按1%征收率征收增值税……

（2）《增值税一般纳税人登记管理办法》（国家税务总局令第43号）第四条规定：

下列纳税人不办理一般纳税人登记：

（一）按照政策规定，选择按照小规模纳税人纳税的；

（二）年应税销售额超过规定标准的其他个人。

（3）《国家税务总局关于增值税一般纳税人登记管理若干事项的

公告》(国家税务总局公告 2018 年第 6 号)第三条规定:《增值税一般纳税人登记管理办法》第四条第二项所称的"其他个人"是指自然人。

控税分析

在签订居间合同之前,居间方与委托方首先要确定以何种名义签订。居间方可以选择以个人名义签订,也可以选择以公司名义签订,不同的选择会对后续税务处理产生重大影响。

例如,个人居间人小王在为张三介绍业务时,若以个人名义签订居间合同,在税务申报方面就需要按照增值税、个人所得税的相关规定进行处理;而如果成立一家公司,以公司名义签订合同,则涉及企业所得税、增值税等多个税种的申报缴纳。

1. 以个人名义签订居间合同纳税情况

(1)增值税。

如果个人没有办理临时税务登记,则属于自然人提供居间服务。按现行政策,自然人提供劳务增值税征收率为3%减按1%,个人每次(日)销售额在500元以下的免征增值税。

如果个人办理了临时税务登记或拥有个体户、个人独资企业等小规模纳税人身份,在月销售额10万元以下(含本数)时免征增值税;超过则按1%征收率征收增值税。

(2)个人所得税。

居间费属于个人所得税中的劳务报酬所得。每次劳务报酬收入不足4000元的,用收入减去800元的费用;每次劳务报酬收入超过

4000元的，用收入减去收入额的20%，得出应纳税所得额。

劳务报酬所得适用20%～40%的超额累进税率，应纳税所得额不超过20 000元的部分，税率为20%；超过20 000元至50 000元的部分，税率为30%，速算扣除数为2000元；超过50 000元的部分，税率为40%，速算扣除数为7000元。

（3）案例解析。

假设小王以个人名义签订居间合同，获得居间费8000元。应纳税所得额=8000×(1-20%)=6400（元），个人所得税=6400×20%=1280（元）。

若小王获得居间费100万元，应纳税所得额=100×(1-20%)=80（万元），个人所得税=80×40%-0.7=31.3（万元）。

温馨提示：由于增值税缴纳与起征点、免征额、纳税人身份有关，此处不进行分析。

2. 以公司名义签订居间合同纳税情况

（1）增值税。

如果公司是一般纳税人，提供居间服务的增值税税率为6%。

如果公司是小规模纳税人，提供居间服务的增值税征收率为1%（季度销售额不超过30万元的免征增值税）。

（2）企业所得税。

按企业的应纳税所得额（收入总额-不征税收入-免税收入-各项扣除-以前年度亏损）乘以25%的税率缴纳企业所得税。不过，若符合小型微利企业标准，年应纳税所得额不超过300万元，实际税率为5%。

（3）案例解析。

假设 A 公司（小王注册成立的公司，符合小型微利企业标准）是一家提供居间服务的一般纳税人企业，一年的居间服务收入为 200 万元（不含税），各项成本费用为 120（万元）。那么增值税 =200×6%=12（万元）；应纳税所得额 =200-120=80（万元），企业所得税 =80×5%=4（万元）。

若 A 公司是小规模纳税人，一个季度的居间服务收入为 25 万元（不含税），各项成本费用为 10 万元。由于季度销售额未超过 30 万元，不需要缴纳增值税，增值税 =0；应纳税所得额 =25-10=15（万元），企业所得税 =15×5%=0.75（万元）。

第二节　委托与代理合同签订方法与风险防范

一、签订委托合同，一定要重点关注税款

案例33：是"委托销售"还是"居间服务"，纳税有差异

案例背景

兰天汽车销售公司将部分汽车委托给二级经销商销售，委托销售的汽车在未最终出售前，所有权的主要风险和报酬仍属于兰天汽车销售公司，当二级经销商将兰天汽车销售公司委托销售的汽车销售后，二级经销商需要将收取的汽车销售款支付给兰天汽车销售公司，同时

按合同收取兰天汽车销售公司一定的代销费用。

税法小知识

按照《中华人民共和国增值税暂行条例实施细则》第四条的规定，单位或者个体工商户将货物交付其他单位或者个人代销视同销售货物。

按照《中华人民共和国增值税暂行条例实施细则》第三十八条第（五）项的规定，委托其他纳税人代销货物的收讫销售款项或者取得索取销售款项凭据的当天，为收到代销单位的代销清单或者收到全部或者部分货款的当天。未收到代销清单及货款的，为发出代销货物满180天的当天。

根据《国家税务总局关于确认企业所得税收入若干问题的通知》（国税函〔2008〕875号）第一条第（二）项第4目的规定，对符合企业所得税收入确认条件的，纳税人"销售商品采用支付手续费方式委托代销的，在收到代销清单时确认收入"。

根据《国家税务总局关于商业企业向货物供应方收取的部分费用征收流转税问题的通知》（国税发〔2004〕136号）的规定：

（1）对商业企业向委托方收取的与商品销售量、销售额挂钩（如以一定比例、金额、数量计算）的各种返还收入，均应按照平销返利行为的有关规定冲减当期增值税进项税金，不按应税服务缴纳增值税。

（2）商业企业向供货方收取的各种收入，一律不得开具增值税专用发票。

案例分析

假设兰天汽车销售公司委托二级经销商代销 10 辆汽车,每辆汽车成本为 10 万元,售价为 15 万元(不含税)。经过一段时间后,二级经销商成功销售了 8 辆汽车,并向兰天汽车销售公司提供了代销清单。

1. 兰天汽车销售公司增值税处理

基于视同销售规定,销售额为 8×15=120(万元)。若兰天汽车销售公司为一般纳税人,增值税税率为 13%,则销项税额为 120×13%=15.6(万元)。

2. 兰天汽车销售公司企业所得税处理

按照国税函〔2008〕875 号文件规定,在收到代销清单时确认收入,收入为 120 万元,成本为 8×10=80(万元)。

控税分析

1. 委托销售(兰天汽车销售公司向二级经销商开票,二级经销商向客户开票)

若兰天汽车销售公司与二级经销商之间的委托业务属于"委托销售",则双方必须深入理解并准确把握相关税收政策。

兰天汽车销售公司应严格按照增值税和企业所得税的规定,在正确的时间节点确认纳税义务,确保税务申报的准确性、合规性与及时性。二级经销商在收取代销费用时,要严格按照税收政策要求处理增值税进项税金的冲减问题,避免因税务处理不当而引发税务风险。

假设二级经销商从兰天汽车销售公司购进汽车时取得了增值税专用发票，进项税额为 $8 \times 15 \times 13\% = 15.6$（万元）。

假设收取的代销费用为销售额的 5%，即 $120 \times 5\% = 6$（万元），根据国税发〔2004〕136 号文件规定，应冲减当期增值税进项税金，具体计算为 $6 \div (1+13\%) \times 13\% \approx 0.69$（万元）。

2. 居间服务（兰天汽车销售公司向客户开票，二级经销商向兰天汽车销售公司开票）

若兰天汽车销售公司与二级经销商之间的委托业务属于"居间服务"，则二级经销商销售车辆收取居间服务费。

同样假设居间服务费为销售额的 5%，即 $120 \times 5\% = 6$（万元）。

若二级经销商为小规模纳税人，季度服务费未超过 30 万元，免征增值税。

若二级经销商为小规模纳税人，季度服务费超过 30 万元，增值税为 $6 \div (1+1\%) \times 1\% \approx 0.06$（万元）。

若二级经销商为一般纳税人，增值税为 $6 \div (1+6\%) \times 6\% \approx 0.34$（万元）。

通过对以上不同"合同形式"的涉税分析，很显然，"居间服务"要优于"委托销售"，所以销售模式决定税金。

案例34：盈科行公司、琴湖公司商品房委托代理销售合同纠纷（（2020）赣民再88号）启示

代理销售房产，有可能要承担增值税、房产税、土地增值税等巨额税款？这个案件一波三折，一审、二审、再审的法院判决均不相

同,好在再审中盈科行公司获得了公正的结论,也给各个房产代理公司敲响了警钟,合同中一定要把纳税情况写清楚。

案例背景

2017年3月31日,盈科行公司(乙方,全称为江西盈科行网络信息股份有限公司)、琴湖公司(甲方,全称为江西省琴湖投资发展有限公司)签订《广昌县滨江壹号房地产项目包销合同》,约定:甲方采取包销方式委托乙方代理销售滨江壹号房产。在实际销售中超出单位房源销售底价的部分则视为溢价部分,溢价部分归乙方所得。甲方收到乙方溢价发票(增值税专用发票)后7个工作日内将溢价划转至乙方账号。

合同签订后,盈科行公司依约进行销售,并按约向琴湖公司交纳了保证金,琴湖公司也按约向盈科行公司支付了代理费10 722 038元。合同履行期间,因琴湖公司未取得滨江壹号29#楼的房屋预售许可证,盈科行公司无法促成买受人与琴湖公司签订《商品房买卖合同》,双方经协商提前中止合同。

签订协议后,盈科行公司按约付清工作人员佣金,并于2018年9月19日向琴湖公司出具增值税专用发票12张共计1 200 000元,琴湖公司按约于2018年9月17日退回盈科行公司保证金6 060 579元,但仅向盈科行公司支付代理费439 421元,剩余代理费760 579元一直未支付。

盈科行公司向琴湖公司出具的江西增值税票据,已按现代服务业征税率6%交纳税款674 832.34元。2018年10月17日,琴湖公司向税务部门申报盈科行公司代理税款，增值税计税总值为 11 922 038 元，税率 11%，应纳税额 1 181 463.23 元，已缴纳 674 832.34 元（系以盈科行公司提供的发票抵扣），尚应缴税 506 630.89 元；城建税应纳税额 25 331.54 元、教育附加费应纳税额 15 198.93 元、地方教育附加应纳税额 10 132.62 元、企业所得税应纳税额 244 103.97 元、印花税应纳税额 4882.08 元、工会经费应纳税额 14 306.45 元、土地增值税应纳税额 292 924.77 元。

一审过程中，盈科行公司主张琴湖公司应该支付代理费 760 579 元，琴湖公司则认为其为盈科行公司垫付各种税费，盈科行公司不但不应取得代理费，还应支付琴湖公司税费的差额。

一审法院认为：盈科行公司与琴湖公司签订的《广昌县滨江壹号房地产项目包销合同》及《滨江壹号项目结案协议》，系双方的真实意思表示，且不违反法律、行政法规的强制性规定，合法有效，应受法律保护。

盈科行公司作为销售滨江壹号房地产 100% 溢价款的取得者，应当承担溢价款部分增值税及相关附加税、企业所得税的纳税义务，琴湖公司代盈科行公司缴纳了相关赋税共计 801 397.95（=557 293.98+244 103.97）元，应当在其支付给盈科行公司的代理费中予以扣除，该款数额已超出了琴湖公司还需支付给盈科行公司的代理费 760 579 元，故琴湖公司无须再支付盈科行公司代理费，对盈科行公司提出的要求琴湖公司支付其剩余代理费 760 579 元并承担逾期付款违约金的诉讼请求，不予支持。

一审法院判决：驳回江西盈科行网络信息股份有限公司的诉讼请

求。一审案件受理费11 520元，财产保全费4520元，共计16 040元，由江西盈科行网络信息股份有限公司负担。

二审法院认为，本案争议焦点为：①双方之间的法律关系。②琴湖公司应否支付剩余代理费。

二审法院判决：

一、撤销江西省广昌县人民法院（2018）赣1030民初1316号民事判决。

二、江西省琴湖投资发展有限公司应在本判决生效之日起十五日内向江西盈科行网络信息股份有限公司支付代理费203 285.02元及违约金2540.92元（以203 285.02元为基数计算至2018年10月21日），剩余违约金以203 285.02元为基数按照日万分之五从2018年10月22日计算至代理费付清之日止。

三、驳回江西盈科行网络信息股份有限公司的其他诉讼请求。……一审案件受理费11 520元，财产保全费4520元，共计16 040元，由江西盈科行网络信息股份有限公司负担11 753元，江西省琴湖投资发展有限公司负担4287元。二审案件受理费11 520元，由江西盈科行网络信息股份有限公司负担8441元，江西省琴湖投资发展有限公司负担3079元。

本院再审认为，本案的争议焦点是：盈科行公司是否应承担溢价款的增值税差额及相关附加税。

盈科行公司的再审请求成立，原二审判决适用法律存在错误，应予纠正。依照《中华人民共和国合同法》第六十条、《中华人民共和国民事诉讼法》第二百零七条第一款、第一百七十条第一款第二项之规定，判决如下：

一、撤销江西省抚州市中级人民法院（2019）赣10民终591号民事判决和江西省广昌县人民法院（2018）赣1030民初1316号民事判决。

二、江西省琴湖投资发展有限公司在本判决生效之日起十日内向江西盈科行网络信息股份有限公司支付代理费760 579元及违约金9507.24元（以760 579元为基数计算至2018年10月21日），剩余违约金以760 579元为基数按照日万分之五从2018年10月22日计算至代理费付清之日止。

三、驳回江西盈科行网络信息股份有限公司的其他诉讼请求。

如未按本判决指定的期间履行给付金钱义务，则应按照《中华人民共和国民事诉讼法》第二百五十三条之规定，加倍支付迟延履行期间的债务利息。

一审案件受理费11 520元，财产保全费4520元，二审案件受理费11 520元，共计27 560元，由江西省琴湖投资发展有限公司负担。

本判决为终审判决。

二、业务代理合同，优化合同签订，可实现降税

产品销售与委托采购在销售业务中，时常会相互穿插，那么这两项业务在税款缴纳上有何区别？如何通过优化合同签订形式来实现减税呢？

案例35：销售变委托，税款缴纳立刻改变

案例背景

嘉诚医疗机械设备销售公司2024年11月与星星医院就一项检测设备采购进行业务洽谈，设备金额1000万元，采购费用80万元，金额均不含税，有两种合同签订方式：

方式一：由嘉诚医疗机械设备销售公司向厂家采购，然后以1080万元的价格销售给星星医院。

方式二：星星医院委托嘉诚医疗机械设备销售公司向厂家采购，然后支付嘉诚医疗机械设备销售公司80万元采购费用。

以上两种方式，哪一种方式更有利呢？

税法小知识

根据《财政部 国家税务总局关于增值税、营业税若干政策规定的通知》（财税字〔1994〕26号）第五条规定：代购货物行为，凡同时具备以下条件的，不征收增值税；不同时具备以下条件的，无论会计制度规定如何核算，均征收增值税。

（一）受托方不垫付资金；

（二）销货方将发票开具给委托方，并由受托方将该项发票转交给委托方；

（三）受托方按销售方实际收取的销售额和增值税额（如系代理进口货物则为海关代征的增值税额）与委托方结算货款，并另外收取手续费。

控税分析

通过对以上政策的分析我们发现，不同合同签订方式对税款的缴纳具有一定的影响：

方式一：嘉诚医疗机械设备销售公司应缴纳的增值税为：$1080 \times 13\% - 1000 \times 13\% = 10.4$（万元）。

方式二：嘉诚医疗机械设备销售公司应缴纳的增值税为：$80 \times 6\% = 4.8$（万元）。

当然，嘉诚医疗机械设备销售公司如果希望能够按第二种方式来进行税款缴纳，首先，设备货款由星星医院直接支付给厂家（或者星星医院先支付给嘉诚医疗机械设备销售公司，然后由嘉诚医疗机械设备销售公司再支付给厂家，注意：这有付款顺序要求，不垫付资金），其次，厂家需要将设备发票开具给星星医院；最后，当然就是嘉诚医疗机械设备销售公司收取星星医院委托采购费用。

案例36：销售变经纪，税款缴纳立刻改变

案例背景

兰天汽车销售公司（汽车4S店）在汽车销售过程中，会为客户提供"车辆置换服务"[即客户购买新车时，可将旧车（二手车）作价置换给4S店]，后续汽车4S店再将二手车对外销售，收回车款。

那么，汽车4S店车辆置换业务，该如何缴纳增值税呢？

税法小知识

（1）根据《国家税务总局关于二手车经营业务有关增值税问题的

公告》(国家税务总局公告2012年第23号)规定:纳税人受托代理销售二手车,凡同时具备以下条件的,不征收增值税;不同时具备以下条件的,视同销售征收增值税。

(一)受托方不向委托方预付货款;

(二)委托方将《二手车销售统一发票》直接开具给购买方;

(三)受托方按购买方实际支付的价款和增值税额(如系代理进口销售货物则为海关代征的增值税额)与委托方结算货款,并另外收取手续费。

(2)根据《财政部 税务总局关于延续实施二手车经销有关增值税政策的公告》(财政部 税务总局公告2023年第63号)规定:2027年12月31日前,对从事二手车经销的纳税人销售其收购的二手车,按照简易办法依3%征收率减按0.5%征收增值税。

控税分析

通过对以上政策的分析我们发现,汽车4S店在"车辆置换"过程中,不同的置换方式将适用不同的增值税缴纳方式(假设二手车收购价格为150 000元,销售价格为155 000元):

1.购销方式(即二手车经销)

如果汽车4S店不符合二手车经纪的条件,那么,就适用二手车经销的增值税税率(注意:若为二手车经销,企业经营范围必须含有二手车经销,同时,置换二手车时可以开具二手车反向收购发票并将车辆过户至汽车4S店,作为企业的经营成本)。

经销增值税 =155 000/(1+0.5%)×0.5%≈771.14(元)。

2. 经纪方式（即委托服务）

汽车 4S 店采用二手车经纪模式（注意：汽车 4S 店需与客户签订委托销售合同，销售差额作为汽车 4S 店销售费用）的增值税如下：

经纪增值税 =5000/（1+6%）× 6% ≈283.02（元）。

通过对以上两种模式的评估，不难发现二手车经纪模式要优于二手车经销模式，一是经纪模式下缴纳的增值税要低于经销模式，二是经销模式需要将车辆过户至汽车 4S 店名下，会增加一次过户的费用。

第六章 租赁合同签订技巧与税费缴纳增减

第一节 融资租赁合同签订技巧与税费缴纳增减

一、融资租赁合同，税费缴纳考验专业水准

案例37：融资租赁合同执行，能精准纳税与核算便是专业

案例背景

A 融资租赁公司与 B 企业签订了一份有形动产融资租赁合同，租赁设备价值 1000 万元，租赁期限为 5 年，每年租金 250 万元（不含税）。

税法小知识

1. 增值税

（1）《财政部 国家税务总局关于全面推开营业税改征增值税试点的通知》（财税〔2016〕36号）。

附件1《营业税改征增值税试点实施办法》规定：

第十五条 增值税税率：

……

（二）提供交通运输、邮政、基础电信、建筑、不动产租赁服务，销售不动产，转让土地使用权，税率为9%。

（三）提供有形动产租赁服务，税率为13%。

……

附件2《营业税改征增值税试点有关事项的规定》规定：

（三）销售额。

1. 贷款服务，以提供贷款服务取得的全部利息及利息性质的收入为销售额。

2. 直接收费金融服务，以提供直接收费金融服务收取的手续费、佣金、酬金、管理费、服务费、经手费、开户费、过户费、结算费、转托管费等各类费用为销售额。

3. 金融商品转让，按照卖出价扣除买入价后的余额为销售额。转让金融商品出现的正负差，按盈亏相抵后的余额为销售额。若相抵后出现负差，可结转下一纳税期与下期转让金融商品销售额相抵，但年末时仍出现负差的，不得转入下一个会计年度。金融商品的买入价，可以选择按照加权平均法或者移动加权平均法进行核算，选择后36个月内不得变更。金融商品转让，不得开具增值税专用发票。

4.经纪代理服务，以取得的全部价款和价外费用，扣除向委托方收取并代为支付的政府性基金或者行政事业性收费后的余额为销售额。向委托方收取的政府性基金或者行政事业性收费，不得开具增值税专用发票。

5.融资租赁和融资性售后回租业务。

（1）经人民银行、银监会或者商务部批准从事融资租赁业务的试点纳税人，提供融资租赁服务，以取得的全部价款和价外费用，扣除支付的借款利息（包括外汇借款和人民币借款利息）、发行债券利息和车辆购置税后的余额为销售额。

（2）经人民银行、银监会或者商务部批准从事融资租赁业务的试点纳税人，提供融资性售后回租服务，以取得的全部价款和价外费用（不含本金），扣除对外支付的借款利息（包括外汇借款和人民币借款利息）、发行债券利息后的余额作为销售额。

（3）试点纳税人根据2016年4月30日前签订的有形动产融资性售后回租合同，在合同到期前提供的有形动产融资性售后回租服务，可继续按照有形动产融资租赁服务缴纳增值税。继续按照有形动产融资租赁服务缴纳增值税的试点纳税人，经人民银行、银监会或者商务部批准从事融资租赁业务的，根据2016年4月30日前签订的有形动产融资性售后回租合同，在合同到期前提供的有形动产融资性售后回租服务，可以选择以下方法之一计算销售额：

①以向承租方收取的全部价款和价外费用，扣除向承租方收取的

价款本金，以及对外支付的借款利息（包括外汇借款和人民币借款利息）、发行债券利息后的余额为销售额。纳税人提供有形动产融资性售后回租服务，计算当期销售额时可以扣除的价款本金，为书面合同约定的当期应当收取的本金。无书面合同或者书面合同没有约定的，为当期实际收取的本金。试点纳税人提供有形动产融资性售后回租服务，向承租方收取的有形动产价款本金，不得开具增值税专用发票，可以开具普通发票。

②以向承租方收取的全部价款和价外费用，扣除支付的借款利息（包括外汇借款和人民币借款利息）、发行债券利息后的余额为销售额。

（2）《国家税务总局关于融资性售后回租业务中承租方出售资产行为有关税收问题的公告》（国家税务总局公告2010年第13号）规定：融资性售后回租业务中承租方出售资产的行为，不属于增值税征收范围，不征收增值税。

2. 企业所得税

（1）《中华人民共和国企业所得税法》。

第六条规定：企业以货币形式和非货币形式从各种来源取得的收入，为收入总额。包括：（一）销售货物收入；（二）提供劳务收入；（三）转让财产收入；（四）股息、红利等权益性投资收益；（五）利息收入；（六）租金收入；（七）特许权使用费收入；（八）接受捐赠收入；（九）其他收入。

第八条规定：企业实际发生的与取得收入有关的、合理的支出，包括成本、费用、税金、损失和其他支出,准予在计算应纳税所得额时扣除。

(2)《中华人民共和国企业所得税法实施条例》。

第四十七条规定:企业根据生产经营活动的需要租入固定资产支付的租赁费,按照以下方法扣除:

(一)以经营租赁方式租入固定资产发生的租赁费支出,按照租赁期限均匀扣除;

(二)以融资租赁方式租入固定资产发生的租赁费支出,按照规定构成融资租入固定资产价值的部分应当提取折旧费用,分期扣除。

第五十八条规定:固定资产按照以下方法确定计税基础:……(三)融资租入的固定资产,以租赁合同约定的付款总额和承租人在签订租赁合同过程中发生的相关费用为计税基础,租赁合同未约定付款总额的,以该资产的公允价值和承租人在签订租赁合同过程中发生的相关费用为计税基础;……

第六十条规定:除国务院财政、税务主管部门另有规定外,固定资产计算折旧的最低年限如下:(一)房屋、建筑物,为20年;(二)飞机、火车、轮船、机器、机械和其他生产设备,为10年;(三)与生产经营活动有关的器具、工具、家具等,为5年;(四)飞机、火车、轮船以外的运输工具,为4年;(五)电子设备,为3年。

3. 印花税

根据《中华人民共和国印花税法》规定:借款合同,税率为借款金额的万分之零点五。融资租赁合同,应按合同所载租金总额,暂按借款合同计税贴花。

案例分析

1. 涉税处理

（1）A融资租赁公司增值税处理。

假设该公司为经批准的试点纳税人，提供有形动产融资租赁服务。如果该业务不属于融资性售后回租，那么增值税销项税额=250×5×13%=162.5（万元）。

（2）B企业增值税处理。

取得融资租赁服务，进项税额可以抵扣，即每年可抵扣进项税额=250×13%=32.5（万元），五年共计抵扣进项税额32.5×5=162.5（万元）。

（3）A融资租赁公司企业所得税处理。

租赁收入=250×5-1000（设备价值）=250（万元），计入应纳税所得额。

（4）B企业企业所得税处理。

以融资租赁方式租入固定资产，1250万元构成融资租入固定资产价值的部分应当提取折旧费用，分期扣除。假设该设备按5年直线法计提折旧，每年折旧额为250万元，可以在税前扣除。

（5）印花税处理。

双方应按合同所载租金总额1250（=250×5）万元暂按借款合同计税贴花，印花税=1250×0.005%=0.0625（万元）。

2. 会计处理

（1）A融资租赁公司角度。

1）增值税处理。确认增值税销项税额时：

借：应收账款/银行存款等

　贷：主营业务收入

　　　应交税费——应交增值税（销项税额）（250万元/年×5年×13%）

若有进项税额，如购进设备或服务时：

借：固定资产/成本费用等

　　　应交税费——应交增值税（进项税额）

　贷：应付账款/银行存款等

2）企业所得税处理。确认租赁收入时：

借：应收账款/银行存款等

　贷：主营业务收入（250万元/年×5年）

结转设备成本：

借：主营业务成本

　贷：固定资产（1000万元）

计算应纳税所得额时：

借：所得税费用

　贷：应交税费——应交企业所得税（250万元×25%）（假设企业

所得税税率为 25%）

（2）B 企业角度。

1）增值税处理。取得融资租赁服务，支付租金并确认进项税额时：

借：长期应付款—应付融资租赁款
　　应交税费—应交增值税（进项税额）（250 万元 ×13%）
　贷：银行存款

若进项税额不能全额抵扣，需转出部分：

借：成本费用等
　贷：应交税费—应交增值税（进项税额转出）

2）企业所得税处理。确认融资租入固定资产：

借：固定资产—融资租入固定资产（1250 万元）
　　未确认融资费用（未来应付利息等）
　贷：长期应付款—应付融资租赁款

分期计提折旧：

借：成本费用类科目（250 万元）
　贷：累计折旧

计算应纳税所得额时，扣除折旧费用：

借：所得税费用（根据实际情况计算）
　贷：应交税费—应交企业所得税

3）印花税处理。缴纳印花税时：

借：税金及附加（0.0625万元）

　　贷：银行存款

控税分析

1. A融资租赁公司控税分析

（1）合同签订阶段。

在与B企业签订融资租赁合同前，明确合同条款中关于租金支付方式、设备所有权转移、维修责任等内容。例如，合理安排租金支付时间节点，避免集中支付导致某一时期税负过高。

确认合同中是否明确设备的采购来源和价格，以便准确核算进项税额和成本。如果可能，争取与供应商签订有利的采购合同，降低设备采购成本，从而减少增值税和企业所得税的计税基础。

（2）业务执行阶段。

严格按照税收法规要求进行会计核算和税务申报。确保增值税销项税额和进项税额的计算准确无误，及时申报纳税。

对于可能涉及的即征即退政策，提前了解政策适用条件和申请流程，确保在符合条件时能够及时享受税收优惠。例如，关注公司的增值税实际税负情况，当实际税负超过3%时，及时准备相关材料申请即征即退。

合理安排资金流，避免因资金紧张导致逾期纳税产生滞纳金和罚款。同时，注意发票的管理和使用，确保发票的真实性和合法性。

（3）税务筹划阶段。

考虑通过合理的资产折旧政策来降低企业所得税税负。根据设备的实际使用情况和税法规定，选择合适的折旧方法和年限，以最大化地分摊设备成本。

如果公司有其他业务，可以考虑进行业务整合和优化，以充分利用税收优惠政策。例如，将融资租赁业务与其他相关业务结合起来，形成产业链协同效应，降低整体税负。

2. B企业控税分析

（1）合同签订阶段。

仔细审查融资租赁合同条款，确保合同明确了租金的构成、支付方式以及增值税发票的开具要求。特别是对于进项税额的抵扣条款，要明确约定发票的类型和开具时间，以保障企业的抵扣权益。

在合同中明确设备的维护和保养责任，避免因设备维修费用的承担问题而产生税务争议。如果可能，争取将部分维修费用纳入租金，以便在计算企业所得税时作为费用扣除。

（2）业务执行阶段。

及时取得并妥善保管融资租赁服务的增值税专用发票，确保在申报纳税时能够顺利抵扣进项税额。建立发票管理制度，对发票的领取、使用和归档进行规范管理。

按照税法规定正确核算融资租入固定资产的折旧费用。确保折旧方法和年限符合企业所得税法的要求，避免因折旧费用计算错误而导致税务风险。同时，及时将折旧费用在企业所得税税前扣除，降低企业所得税税负。

（3）税务筹划阶段。

考虑将融资租赁与其他融资方式进行比较，选择最有利的融资方案。例如，如果企业有足够的信用，可以考虑银行贷款等其他融资方式，比较不同融资方式下的利息支出和税务成本，做出最优决策。

如果企业符合相关条件，可以考虑申请采用固定资产加速折旧政策，以加快资产成本的回收，减少前期应纳税所得额，从而降低企业所得税税负。

二、免租合同、无租合同，描述不同，纳税有差异

企业在生产经营的过程中，为了达到吸引客户的目的，时常会开展不同程度的营销活动，然而，不同的营销政策背后都有一定的涉税风险。

下面我们就分析一下，房屋对外出租，出租合同中出现"免租期"，在税费缴纳中有何纳税风险，应该如何筹划。

案例38："删除"免租期"，可实现房产税节税

案例背景

A房地产公司开发了一片工业园区，工业园区被设计成独立的仓库和厂房，该工业园区开发完成以后，房地产公司将其作为自持物业，对外出租。

由于工业园区所处地理位置相对偏远，出租率不太理想，A房地产公司为了吸引客户，推出第一年免租金的营销政策，从第二年开始

计算租金。

以下是其中一栋厂房对外出租的情况：

A房地产公司将其中一栋厂房出租给B公司，该厂房财务核算的资产原值为1500万元（含土地），出租条件为：第一年免租金，第二年租金100万元，第三年租金100万元，合同三年一签。

税法小知识

（1）根据《国家税务总局关于土地价款扣除时间等增值税征管问题的公告》（国家税务总局公告2016年第86号）第七条规定：纳税人出租不动产，租赁合同中约定免租期的，不属于《营业税改征增值税试点实施办法》（财税〔2016〕36号文件印发）第十四条规定的视同销售服务。

（2）根据《中华人民共和国房产税暂行条例》相关条款规定：

第二条规定：房产税由产权所有人缴纳。

第三条规定：房产税依照房产原值一次减除10%至30%后的余值计算缴纳。具体减除幅度，由省、自治区、直辖市人民政府规定。

没有房产原值作为依据的，由房产所在地税务机关参考同类房产核定。

房产出租的，以房产租金收入为房产税的计税依据。

第四条规定：房产税的税率，依照房产余值计算缴纳的，税率为1.2%；依照房产租金收入计算缴纳的，税率为12%。

（3）根据《财政部 国家税务总局关于安置残疾人就业单位城镇土地使用税等政策的通知》（财税〔2010〕121号）第二条规定：对

出租房产，租赁双方签订的租赁合同约定有免收租金期限的，免收租金期间由产权所有人按照房产原值缴纳房产税。

控税分析

1.常规合同签订下的税费缴纳（假设当地房产税按房产原值减除比例为20%）

第一年应纳房产税：1500×（1-20%）×1.2%=14.4（万元），第一年免租金，由产权所有人按照房产原值缴纳房产税。

第二年应纳房产税：100×12%=12（万元）。

第三年应纳房产税：100×12%=12（万元）。

三年共计应纳房产税：14.4+12+12=38.4（万元）。

2.优化合同签订后的税费缴纳

修改出租条件为：第一年至第三年租金200万元，从第四年开始，每年租金100万元。这样一来，房产税缴纳如下：

三年共计应纳房产税：200×12%=24（万元）。

通过以上案例分析我们发现，在企业生产经营过程中，合同签订是一件多么重要的事情，仅仅"免租金"这三个字，就将让企业多缴房产税14.4万元。

该案例只是展示一个筹划思路，实操中，多缴的税金可能远远大于这个金额。

三、租赁合同，变换方式，可实现节税

随着城市建设的不断推进，商铺、厂房不断涌现，这些城市综合

体、写字楼、商铺在对外出租时，采用什么方式出租可实现减税呢？

案例39：增加"二房东"可实现房产税节税

案例背景

嘉诚房地产公司开发了一处城市综合体，总投资100亿元，建成后对外出租，预计年租金收入3000万元。

那么，对于房地产公司所开发的综合体项目，如何运营可以达到减税效果？

税法小知识

（1）根据《中华人民共和国房产税暂行条例》相关条款规定：

第二条规定：房产税由产权所有人缴纳。

第三条规定：房产税依照房产原值一次减除10%至30%后的余值计算缴纳。具体减除幅度，由省、自治区、直辖市人民政府规定。

没有房产原值作为依据的，由房产所在地税务机关参考同类房产核定。

房产出租的，以房产租金收入为房产税的计税依据。

第四条规定：房产税的税率，依照房产余值计算缴纳的，税率为1.2%；依照房产租金收入计算缴纳的，税率为12%。

（2）根据《国家税务总局关于房产税城镇土地使用税有关政策规定的通知》（国税发〔2003〕89号）第一条规定：鉴于房地产开发企业开发的商品房在出售前，对房地产开发企业而言是一种产品，因此，对房地产开发企业建造的商品房，在售出前，不征收房产税；但对售出前房地产开发企业已使用或出租、出借的商品房应按规定征收房产税。

控税分析

通过对以上政策的解析，对于房产出租业务，我们主要考虑的减税方向是房产税。

（1）如果嘉诚房地产公司将综合体开发完成以后，直接对外出租，那么根据租金收入缴纳房产税，即 3000×12%=360（万元）。如果未出租，则不需要缴纳房产税。

（2）如果换一种方式，嘉诚房地产公司将综合体以 2000 万元的租金整体出租给租赁公司（单独成立一家租赁公司或物业管理公司），然后，租赁公司再对外逐一进行出租，这样一来，嘉诚房地产公司缴纳的房产税为 2000×12%=240（万元），租赁公司再对外出租，增值的 1000 万元，无须缴纳房产税。

（3）结合房地产行业房产税免税政策，嘉诚房地产公司可以与租赁公司就已经出租的部分分批签订租赁协议，缴纳房产税，未出租的部分不签订协议，这样更有利于实现减税。

通过以上减税优化，嘉诚房地产公司每年可实现房产税减税 120 万元。

案例40：掌握物业费特性，可实现房产税节税

案例背景

嘉诚物业公司将一套老商业门头房（2016年4月30日前取得的

不动产）对外出租（产权归属于物业公司），签订房屋租赁合同，年租金 1200 万元（含物业费 200 万元），每年一次性收取。

控税分析

嘉诚物业公司应缴纳的相关税费为：

增值税 =1200/（1+5%）× 5%≈57.14（万元）。

房产税 =1200/（1+5%）× 12%≈137.14（万元）。

不考虑附加税费、印花税等，合计税费约 194.28 万元。

若改变合同签订方式：

嘉诚物业公司在签订合同时，根据实际情况将房租和物业费分别签订合同。签订房屋租赁合同，一年租金 1000 万元。签订物业管理合同，一年物业费 200 万元。

合同签订方式改变后，嘉诚物业公司应缴纳的相关税费为：

房租增值税 =1000/（1+5%）× 5%≈47.62（万元）。

物业费增值税 =200/（1+6%）× 6%≈11.32（万元）。

房产税 =1000/（1+5%）× 12%≈114.29（万元）。

不考虑附加税费、印花税等，合计税费约 173.23 万元。

通过对以上不同合同签订形式的测算，优化合同后可实现减税约 21 万元。企业在签订出租房产合同时，时常会附带房屋内部或外部的一些附属设施及配套服务费，比如机器设备、办公用具、附属用品、物业管理服务等。

然而，税法对房屋附属的可移动设备并不征收房产税。若在租赁合同中就设施及配套部分单独列支或单独签订合同，均能达到省房产税的效果。

第二节　不动产租赁合同签订技巧与税费缴纳增减

一、售后返租合同签订形式不同，纳税便不同

在商业楼盘开发、销售过程中，为了解决购房者独立对外出租的困难，往往很多开发商都会采用"售后返租"的营销方式。

那么，如何签订"售后返租"合同对开发商而言最有利呢？

案例41：售后返租，租赁对象影响税费

案例背景

嘉诚房地产公司在营改增后开发一处城市综合体项目，计划采用"售后返租"方式进行对外预售，在销售商品房时，公司承诺，购房者购买房产后（假设购房者为个人），嘉诚房地产公司统一租回，承诺每年可支付购房者房款8%的租金。嘉诚房地产公司统一租回后，再统一租赁给佳兴商贸集团运营。

假设嘉诚房地产公司每年支付给购房者的租金为850万元（含增值税），嘉诚房地产公司每年收到佳兴商贸集团付给的租金为900万元（含增值税）。

暂不考虑城市维护建设税、地方教育费附加、房产税、个人所得税等税费，如何租赁可实现增值税减税？

税法小知识

（1）根据《财政部　国家税务总局关于全面推开营业税改征增值税试点的通知》（财税〔2016〕36号）对增值税适用税率的规定：不

动产出租适用9%增值税税率、代理服务适用6%增值税税率或3%征收率。

（2）根据《国家税务总局关于增值税小规模纳税人减免增值税等政策有关征管事项的公告》（国家税务总局公告2023年第1号）第三条规定：《中华人民共和国增值税暂行条例实施细则》第九条所称的其他个人，采取一次性收取租金形式出租不动产取得的租金收入，可在对应的租赁期内平均分摊，分摊后的月租金收入未超过10万元的，免征增值税。

控税分析

通过对以上政策及案例的分析，嘉诚房地产公司每年收到佳兴商贸集团租金需要缴纳的增值税为：900/(1+9%)×9%≈74.31（万元）。

嘉诚房地产公司支付给购房者个人的租金850万元，个人到税务机关去代开发票时，可以享受月租金10万元以下的增值税免税政策，因此，所代开的增值税发票大部分为普通发票。嘉诚房地产公司无法获得抵扣，这样一来，嘉诚房地产公司付给购房者的租金850万元没有增值税进项税额可抵扣，反而要对900万元租金全额缴纳约74.31万元的增值税。

其实，嘉诚房地产公司可以换一种思路进行筹划，可以实现降低增值税税负的目的：

（1）在购房者购房时，由物业公司或资产管理公司（单独成立）与购房者签订委托代理租房协议，而不是以嘉诚房地产公司的名义与购房者签订租房合同。

（2）由购房者或出租人与承租人和物业公司或资产管理公司签订三方租赁合同，合同约定物业公司或资产管理公司从承租人租金中收取一定比例的佣金，即 50 万元。

（3）个人购房者直接将发票开给承租人（或者由物业公司或资产管理公司到当地税务机关代购房者或出租人开增值税发票）。

通过以上合同的签订，物业公司或资产管理公司仅就其佣金收入按照 6% 缴纳增值税，即 50/(1+6%)×6%≈2.83（万元）。

通过对以上两种不同合同签订方式的对比可以看出，后一种方式的增值税减负效果非常明显。

二、仓储租赁合同不会签，税费便翻番

企业在生产经营过程中，一定会遇到出租不动产或者承租不动产的情况，如果出租和承租的不动产属于仓库的话，在合同签订上有什么办法可以实现减税筹划呢？

案例42：是"仓储"还是"租赁"，性质影响税费

案例背景

嘉诚公司为增值税一般纳税人，2024 年 11 月将一间闲置的仓库对外出租（营改增之后取得的房产），双方约定不含税租金为 5 万元/月，承租方为小规模纳税人，需要发票，但无法抵扣。

那么，从嘉诚公司的角度有什么办法进行纳税筹划吗？

税法小知识

根据《营业税改征增值税试点实施办法》(财税〔2016〕36号文件印发）相关规定：

（1）仓库对外出租属于不动产租赁，增值率适用税率为9%。

（2）仓储服务，是指利用仓库、货场或者其他场所代客贮放、保管货物的业务活动，增值税适用税率为6%。

控税分析

通过对以上政策的分析，我们得出如下结论和筹划思路：

（1）嘉诚公司直接对外出租不动产，增值税销项税额为 $5×9\%=0.45$（万元）。

（2）假设嘉诚公司给仓库配上管理人员后，向对方提供仓储服务，那么，在不考虑人员费用的情况下（人员费用肯定另外收取），租赁变成了仓储服务，增值税销项税额为 $5×6\%=0.3$（万元）。

通过对以上两种不同处理方式的对比，很明显采用仓储服务能实现一定的税务筹划效果。

三、机械租赁合同，优化合同签订，可实现节税

在企业运营的过程中，我们希望找到一些纳税筹划方案来降低企业的税负，然而，专项纳税筹划更多的时候只出现在企业进行投资、融资、项目拓展、企业重组等节点，事实上日常经营的纳税筹划，有时候空间更大。

下面从一台"施工设备"的归属，看增值税纳税筹划。

案例43：机械"加"人与"不加"人，对税费的影响

案例背景

新华机械工程公司成立于2020年，主要从事建筑机械设备、工程机械设备、生产设备、通用机械的租赁业务。

不同的公司架构、业务开展、合同签订，对税费的缴纳有何影响呢？

业务形式一

假设新华机械工程公司直接对外提供"施工设备"的租赁服务，不配备操作人员，设备使用前的运输与安装由公司全部负责（如塔式起重机的安装）。

则新华机械工程公司取得的租赁收入，按"有形动产"租赁服务纳税，适用13%的增值税税率或3%的征收率。

业务形式二

假设新华机械工程公司直接对外提供"施工设备"的租赁服务，同时配备了操作人员，设备使用前的运输与安装由公司全部负责（如塔式起重机的安装）。

根据《财政部 国家税务总局关于明确金融 房地产开发 教育辅助服务等增值税政策的通知》（财税〔2016〕140号）第十六条规定：纳税人将建筑施工设备出租给他人使用并配备操作人员的，按照"建筑服务"缴纳增值税。

则新华机械工程公司取得的租赁收入，按"建筑服务"纳税，适用9%的增值税税率或3%的征收率。

业务形式三

假设新华机械工程公司直接对外提供"施工设备"的租赁服务，不配备操作人员，设备使用前的运输与安装由公司全部负责，财务在核算时，分开核算运输、安装、租赁，是否能分别适用不同的税率呢？

根据《财政部 国家税务总局关于全面推开营业税改征增值税试点的通知》（财税〔2016〕36号）附件1《营业税改征增值税试点实施办法》第三十九条规定：纳税人兼营销售货物、劳务、服务、无形资产或者不动产，适用不同税率或者征收率的，应当分别核算适用不同税率或者征收率的销售额；未分别核算的，从高适用税率。

虽然企业分开核算了运输、安装、租赁，但运输、安装很多时候都是为企业提供租赁而服务的，存在内在的因果关系。

则新华机械工程公司取得的租赁收入，很有可能会被税务机关以同一种适用税率按"有形动产"租赁服务征税，适用13%的增值税税率或3%的征收率。

业务形式四

假设新华机械工程公司直接对外提供"施工设备"的租赁服务，同时配备操作人员，设备使用前的运输与安装由公司全部负责，财务在核算时，分开核算运输、安装、租赁，是否能分别适用不同的税率呢？

虽然企业分开核算了运输、安装、租赁，但运输、安装很多时候都是为企业提供租赁而服务的，存在内在的因果关系。

则新华机械工程公司取得的租赁收入，很有可能会被税务机关以同一种适用税率按"建筑服务"征税，适用9%的增值税税率或3%的征收率。

业务形式五

假设新华机械工程公司分别成立运输、安装、租赁公司，那么，其纳税又将如何确认呢？

（1）运输公司将适用9%的增值税税率或3%的征收率。

（2）安装公司将适用9%的增值税税率或3%的征收率。

（3）租赁公司提供"施工设备"租赁但不配备操作人员，将适用13%的增值税税率或3%的征收率。

（4）租赁公司提供"施工设备"租赁且配备操作人员，将适用9%的增值税税率或3%的征收率。

通过对以上不同业务形式的分析，我们发现，不同业务形式下税率的差异很大，且存在涉税风险，只有选择了正确、有效、适合自己企业的方式才是最有利的纳税筹划。

 # 服务合同签订策略与节税思考

第一节　安装服务合同签订策略与节税思考

一、货物安装合同，优化合同签订，可实现节税

在日常经营业务中，经常碰到销售包含安装的业务，例如，在销售门窗、玻璃的同时提供安装，在销售活动板房时也提供安装，等等。

那么，我们该如何签订包含安装服务的销售合同才会实现减税呢？

案例44：产品安装描述不同，税款缴纳有差异

案例背景

湖南光辉活动板房有限公司是一家从事轻钢结构制作，活动板房设计、制作、安装一条龙服务的企业。2024年11月8日该公司与湖南嘉达建筑有限公司签订活动板房销售及安装合同，合同总价为120万元（含税），其中货款100万元，安装费20万元。

那么，湖南光辉活动板房有限公司如何签订合同才会适用较低的增值税税率呢？

税法小知识

根据《国家税务总局关于进一步明确营改增有关征管问题的公告》（国家税务总局公告2017年第11号）第一条规定：纳税人销售活动板房、机器设备、钢结构件等自产货物的同时提供建筑、安装服务，不属于《营业税改征增值税试点实施办法》（财税〔2016〕36号文件印发）第四十条规定的混合销售，应分别核算货物和建筑服务的销售额，分别适用不同的税率或者征收率。

第四条规定：一般纳税人销售电梯的同时提供安装服务，其安装服务可以按照甲供工程选择适用简易计税方法计税。

纳税人对安装运行后的电梯提供的维护保养服务，按照"其他现代服务"缴纳增值税。

控税分析

湖南光辉活动板房有限公司在与湖南嘉达建筑有限公司签订销售

合同时，如果未分项罗列货物销售金额与安装金额，将从高适用税率，即适用 13% 的增值税税率。

如果在签订销售合同时，分别注明了货物的销售金额与安装服务的金额，则货物销售适用 13% 的增值税税率，货物安装服务适用 9% 或 3% 的建筑服务增值税税率或征收率。

因此，生产企业在对外销售自产货物签订合同时，尽量分别注明货物销售金额、建筑服务或安装服务金额，只有这样才能分别适用不同的税率或者征收率，否则将从高适用税率。

但是，能够享受以上政策并选择不同计税方法的单位，必须是销售"自产"货物的同时提供建筑、安装服务，否则不适用该政策规定。

另外，对于销售电梯包含安装的业务，也可采取同样的处理方式，尽量分别注明电梯销售金额、建筑服务或安装服务金额，只有这样才能分别适用不同的税率或者征收率，否则将从高适用税率。

需要提醒的一点是，电梯安装适用简易计税政策，无论是电梯生产企业还是电梯销售企业均适用。

二、设备安装合同，优化合同签订，可实现节税

在日常工作中，可能需要销售或者是采购一些生产设备、配套设备等，设备在使用前，难免会涉及安装。

那么，如何签订设备的销售与安装合同才可以实现节税呢？

案例45：机器设备"安装"服务单独列，可享受税收优惠

案例背景

楚天机电设备有限公司主要从事某品牌中央空调设备的销售，空调的进货价为6万元/台，售价为8万元/台，空调的销售是包含安装的，而且在合同中注明了免费安装。这样的合同签订对税款缴纳有何影响？假设金额不含增值税。

税法小知识

根据《国家税务总局关于明确中外合作办学等若干增值税征管问题的公告》（国家税务总局公告2018年第42号）第六条规定：一般纳税人销售自产机器设备的同时提供安装服务，应分别核算机器设备和安装服务的销售额，安装服务可以按照甲供工程选择适用简易计税方法计税。

一般纳税人销售外购机器设备的同时提供安装服务，如果已经按照兼营的有关规定，分别核算机器设备和安装服务的销售额，安装服务可以按照甲供工程选择适用简易计税方法计税。

纳税人对安装运行后的机器设备提供的维护保养服务，按照"其他现代服务"缴纳增值税。

控税分析

通过对以上政策的分析，结合楚天机电设备有限公司的实际案例，空调以8万元销售价格进行合同签订，同时免费提供安装，增值税的缴纳如下：

应纳增值税 =8×13%-6×13%=0.26（万元）。

如果对合同的签订内容进行适当的修改，税款的缴纳就会完全不一样了，即分别注明空调销售与安装的金额，其中空调售价 6.5 万元、安装服务 1.5 万元，共计 8 万元，这样一来，增值税的缴纳如下：

应纳增值税 =6.5×13%+1.5×3%-6×13%=0.11（万元）。

通过对以上税款缴纳的对比分析，在销售机器设备的同时提供安装服务，如果按照兼营的有关规定，分别核算机器设备和安装服务的销售额，安装服务可以按照甲供工程选择适用简易计税方法计税，即安装部分适用 3% 的征收率，极大地降低了企业的税负。

第二节　广告服务合同签订策略与节税思考

一、广告投放找谁签合同？如何签？有技巧

在今天这样一个信息化的时代下，想要了解一个企业，很多时候都是通过广告来了解的，推广一个产品，也离不开广告。然而，广告的形式、类别、渠道多种多样。

那么，站在财税管理的角度，广告到底要怎么打才能节税呢？

案例46：广告投放至"电视、广播、公交、电梯"，渠道影响税费

案例背景

某汽车公司为了迎接 10 月 1 日的车展，计划投入 90 万元进行大

面积的广告投放，其中电视20万元、广播10万元、户外墙面广告牌20万元、公交车车身流动广告25万元、电梯广告15万元，本案例以一般纳税人为开票设定。

税法小知识

根据《营业税改征增值税试点实施办法》（财税〔2016〕36号文件印发）与最新的相关政策规定：

（1）租赁户外墙面进行广告投放，属于不动产租赁服务，可以取得9%的增值税专用发票。

（2）通过公交车车身进行流动广告投放，属于有形动产租赁服务，可以取得13%的增值税发票。

（3）投放电梯广告，属于不动产租赁服务，可以取得9%的增值税发票。

控税分析

方案一：汽车销售公司把所有的广告都直接委托广告公司进行策划和投放，则汽车销售公司只能从广告公司取得6%的广告服务增值税发票。

可抵扣的进项税额 =90/（1+6%）× 6% ≈5.10（万元）。

方案二：部分广告委托广告公司进行投放，如电视、广播类广告由广告公司投放，其他广告由公司广宣部自行策划投放，会有什么不一样呢？

这样一来，加之购进材料取得13%的货物发票和广告安装（采用劳务派遣模式）所使用 6% 的劳务派遣服务增值税发票，各项业务的税率都等于或高于全部直接委托广告公司的税率。

可抵扣的进项税额 =30/（1+6%）×6%+20/（1+9%）×9%+25/（1+13%）×13%+15/（1+9%）×9%≈7.46（万元）。

通过对以上两种方案的对比分析，我们不难发现方案二的进项税额比方案一的进项税额多 2.36 万元。

当然，你可能会说，直接找广告公司投放会比较省事，没那么麻烦。其实，我们也可以换一种思路，广告制作先由广告公司完成，广告投放载体（户外广告墙、公交车等）的租赁合同由公司去签订，然后将广告公司制作完成的广告在载体上投放，一样也能实现减税的效果。

二、广告服务合同项目写清楚，可享受税收优惠

案例47：广告"设计、策划、制作、发布"，性质影响税费

案例背景

某汽车集团名下有 100 家 4S 店，车展期间，企业委托佳兴广告代理公司（以下简称"佳兴公司"）代理汽车集团名下所有汽车品牌的广告业务，经双方商议达成如下协议内容。

广告费用总共 460 万元，其中广告设计费 60 万元，广告制作费 150 万元，广告策划费 50 万元，广告发布费 200 万元，增值税按适用税率进行计算，假设金额不含增值税。在对合同的内容进行描述时，如何描述才有利于节税，双方一直在以下两种方式中探讨。

方式一：代理合同约定"广告设计、广告策划、广告制作和广告发布"等广告业务全部由佳兴公司代理，费用总额460万元。

方式二：代理合同约定佳兴公司全权代理"广告设计、广告策划、广告制作和广告发布"等广告业务，其中费用支付标准为：广告设计费60万元，广告制作费150万元，广告策划费50万元，广告发布费200万元，增值税按适用税率进行计算。

那么，如何签订合同才有利于实现减税呢？

税法小知识

（1）根据《财政部 国家税务总局关于营业税改征增值税试点有关文化事业建设费政策及征收管理问题的通知》（财税〔2016〕25号）第一条规定：在中华人民共和国境内提供广告服务的广告媒介单位和户外广告经营单位，应按照本通知规定缴纳文化事业建设费。

（2）根据《财政部 国家税务总局关于全面推开营业税改征增值税试点的通知》（财税〔2016〕36号）附件1《营业税改征增值税试点实施办法》中附件《销售服务、无形资产、不动产注释》第一条第（六）项中的规定：广告服务，是指利用图书、报纸、杂志、广播、电视、电影、幻灯、路牌、招贴、橱窗、霓虹灯、灯箱、互联网等各种形式为客户的商品、经营服务项目、文体节目或者通告、声明等委托事项进行宣传和提供相关服务的业务活动。包括广告代理和广告的发布、播映、宣传、展示等。

（3）根据财税〔2016〕25号第三条规定：缴纳文化事业建设费的单位（以下简称缴纳义务人）应按照提供广告服务取得的计费销售

额和 3% 的费率计算应缴费额，计算公式如下：

应缴费额 = 计费销售额 ×3%

计费销售额，为缴纳义务人提供广告服务取得的全部含税价款和价外费用，减除支付给其他广告公司或广告发布者的含税广告发布费后的余额。

控税分析

通过对以上政策的解析，要实现减税需要关注两个方面，一方面是增值税的缴纳，另一方面是文化事业建设费的缴纳。

（1）基于以上税收政策的规定，广告策划、设计、制作不属于广告服务的范围，因此，无须缴纳文化事业建设费。

（2）根据《财政部 国家税务总局关于全面推开营业税改征增值税试点的通知》（财税〔2016〕36号）对增值税适用税率的规定和兼营业务的相关规定：

1）广告设计、广告策划、广告发布适用 6% 的增值税税率，广告制作适用 13% 的增值税税率。

2）纳税人兼营销售货物、劳务、服务、无形资产或者不动产，适用不同税率或者征收率的，应当分别核算适用不同税率或者征收率的销售额；未分别核算的，从高适用税率。

这样一来，合同的两种不同签订方式在税款的缴纳上具有很大的差别。

方式一：佳兴公司应纳增值税 =460×6%=27.6（万元）。应缴纳文化建设费 =460×(1+6%)×3%≈14.63（万元）（假设不考虑支付给其他广告公司的费用）。

方式二：佳兴公司应纳增值税 =310×6%+150×13%=38.1（万元）。应缴纳文化建设费 =200×（1+6%）×3%=6.36（万元）（假设不考虑支付给其他广告公司的费用）。

很显然方式二要优于方式一，因为增值税属于价外税，是可以抵扣的，方式二所签订的合同有两个减税好处：一是对于佳兴公司而言，可以节约文化建设费 8.27 万元。二是对于汽车集团而言，可以多抵扣增值税。

第三节 劳务服务合同签订策略与节税思考

一、咨询合同的上门交通费谁来买单，合同签订有技巧

如何签订个人与企业签订的服务协议才能实现减税呢？

案例48：咨询合同"少收钱"比"多收钱"划算

案例背景

马老师是一位财务专家，与某外资企业签订了一份财税咨询服务合同，每年可获得劳务报酬 200 万元，每个季度上门服务一次，其他时间以电话、微信等方式提供咨询服务，上门服务的交通费、住宿费等预计为 10 万元，那么，合同该如何签订才有利于控税呢？

方式一：全额签订咨询服务合同。

马老师与企业签订全额咨询服务合同，内容大致是：企业每年

支付给马老师顾问费 200 万元，服务期间的交通费、住宿费等费用自理。

方式二：净额签订咨询服务合同。

马老师与企业签订净额咨询服务合同，内容大致是：企业每年支付给马老师顾问费 190 万元，服务期间的交通费、住宿费等费用由企业承担。

税法小知识

（1）根据《中华人民共和国个人所得税法》第六条第（一）项规定：居民个人的综合所得，以每一纳税年度的收入额减除费用六万元以及专项扣除、专项附加扣除和依法确定的其他扣除后的余额，为应纳税所得额。

劳务报酬所得、稿酬所得、特许权使用费所得以收入减除百分之二十的费用后的余额为收入额。稿酬所得的收入额减按百分之七十计算。

（2）根据《中华人民共和国个人所得税法实施条例》（中华人民共和国国务院令第 707 号）第六条第（二）项规定：劳务报酬所得，是指个人从事劳务取得的所得，包括从事设计、装潢、安装、制图、化验、测试、医疗、法律、会计、咨询、讲学、翻译、审稿、书画、雕刻、影视、录音、录像、演出、表演、广告、展览、技术服务、介绍服务、经纪服务、代办服务以及其他劳务取得的所得。

控税分析

通过对以上政策的分析，咨询费属于劳务报酬，应并入居民个人的综合所得，按年度汇总缴纳个人所得税，劳务报酬所得以收入减除百分之二十的费用后的余额为收入额。

也就是说，劳务报酬所得已固定减除了百分之二十的费用，马老师上门服务开支的交通费、住宿费等无法再次扣除，需要并入收入缴纳个人所得税。很显然这不利于马老师节税。

因此，马老师应该按净额签订咨询服务合同，这样更有利于其节税。

二、劳务派遣合同，费用支付方式不同，纳税有差异

企业在生产经营过程中，有不同的用工形式，如合同制的、临时性的、派遣制的等。

那么，在报酬支付方式上的差异，会对税款缴纳产生什么影响呢？

案例49：劳务费"间接支付"与"直接支付"对税款缴纳的影响

案例背景

嘉达建筑公司，在长沙市承揽了一工程项目，一部分技术劳务人员由天诚劳务公司派遣，根据协议劳务人员的工资、福利及劳务派遣费用直接支付给天诚劳务公司；另一部分工程施工劳务人员，由华大建筑劳务公司派遣，根据协议劳务人员的工资、福利及保险，由嘉达建筑公司直接支付给劳务人员，华大建筑劳务公司只收取劳务派遣服

务费用。

问题：嘉达建筑公司接受劳务派遣，采用不同形式的支付方式签订合同，如何在所得税税前核算与扣除呢？

税法小知识

根据《国家税务总局关于企业工资薪金和职工福利费等支出税前扣除问题的公告》（国家税务总局公告2015年第34号）第三条规定：企业接受外部劳务派遣用工所实际发生的费用，应分两种情况按规定在税前扣除：按照协议（合同）约定直接支付给劳务派遣公司的费用，应作为劳务费支出；直接支付给员工个人的费用，应作为工资薪金支出和职工福利费支出。其中属于工资薪金支出的费用，准予计入企业工资薪金总额的基数，作为计算其他各项相关费用扣除的依据。

控税分析

嘉达建筑公司直接支付给天诚劳务公司的费用，作为"劳务费"在企业所得税税前扣除；直接支付给劳务人员个人的费用，作为"工资薪金"和"职工福利费"支出在企业所得税税前扣除。同时，属于"工资薪金"支出的费用，准予计入企业工资薪金总额的基数，作为计算其他各项相关费用扣除的依据。

这样一来，直接支付给劳务人员的工资薪金，可以增加企业福利费计提的依据。

第四节　建筑服务合同签订策略与节税思考

一、施工合同计税方法选对了，纳税便轻松了

在工程项目招投标的过程中，部分工程项目甲方要求施工方按一般计税方法开具发票，而另一部分工程项目甲方对施工方开具的发票在税率上没有具体要求，如政府部门工程项目。

这样一来，工程项目计税方法的选择就有了空间。那么，建筑业的计税方法到底要如何选择才能使施工项目的税负最低呢？

案例50：建筑企业"计税方法"选择有技巧

案例背景

湖南长城集团委托嘉达建筑公司承建厂房项目，工程总造价为1000万元，材料部分为600万元，其中"甲供材"为200万元，安装部分是400万元，嘉达建筑公司将安装部分中的100万元的机电安装工程分包给了丰达公司（假设购买材料均取得13%的增值税专用发票）。

那么，嘉达建筑公司是选择一般计税方法还是简易计税方法呢？

控税分析

1.提供建筑服务采用什么计税方法

根据《财政部 国家税务总局关于全面推开营业税改征增值税试点的通知》（财税〔2016〕36号）相关规定：

1）简易计税方法下应纳税额的计算（不得抵扣进项税额）：

应纳税额 =（全部价款和价外费用 − 支付的分包款）÷（1+3%）× 3%。

2）一般计税方法下应纳税额的计算：

应纳税额 = 当期销项税额 − 当期进项税额。

当期销项税额 = 全部价款和价外费用 ÷（1+9%）× 9%。

2."一般和简易"计税方法，该如何选择

设合同含税总金额为 A，公司推导如下。

（1）一般计税方法的应纳增值税 = 合同金额 A/（1+9%）× 9%− 进项税额 ≈ 8.26%A − 进项税额。

（2）简易计税方法的应纳增值税 = 合同金额 A/（1+3%）× 3% ≈ 2.91%A。

（3）假设一般计税方法的应纳增值税等于简易计税方法的应纳增值税。

2.91%A=8.26%A − 进项税额。

进项税额 /A=5.35%。

材料的进项税额 = 材料价税合计 /（1+13%）× 13%=5.35%A。

材料价税合计 /A ≈ 46.52%。

通过以上的公式推导与案例分析，我们可以得出：如果企业承揽的工程项目取得的进项税额占该项目销售额的比例大于 5.35%，选择一般计税方法对公司有利；反之，选择简易计税方法对公司有利；当比例等于 5.35% 时，选择一般计税方法与简易计税方法在应纳增值税上没有区别。

当然，如果进项税额不好把控，我们也可以通过公司采购工程项目的材料价税合计占销售额的比例来测算。当公司需要采购的材料

价税合计占销售额的比例大于 46.52% 时，选择一般计税方法对公司有利；反之，选择简易计税方法对公司有利；当比例等于 46.52% 时，选择一般计税方法与简易计税方法没有区别。

但如果是以材料价税合计占比进行测算的话，一定要考虑所采购的材料是否能够取得 13% 的增值税专用发票。

需要特别强调的是，一般纳税人发生财政部和国家税务总局规定的特定应税行为，可以选择适用简易计税方法计税，但一经选择，36 个月内不得变更。

二、承包经营、承租经营，纳税有差异

案例51：经营形式不同，纳税便不同

案例背景

1. 承包经营

步步高连锁超市拥有良好的品牌声誉和广泛的销售渠道，但在长沙地区的一家门店，由于管理不善，经营效益不佳。张三具有丰富的超市管理经验和创新的营销思路。步步高公司决定将这家门店承包给张三经营，期限为五年。

承包协议规定：张三以步步高公司的名义继续经营该门店，在经营过程中需遵守步步高公司的统一管理规范和质量标准。张三负责门店的日常运营管理，包括采购、人员招聘、促销活动策划等。步步高公司按照门店销售额每年收取 0.8% 的承包费用（2024 年门店不含税销售额为 1.7 亿元）。同时，门店经营产生的利润在扣除承包费用等

成本后，归张三所有（2024年实现利润1200万元）。

在承包经营期间，张三积极引入新的商品品类，加强员工培训，提升服务质量，通过一系列有效的营销活动，门店的销售额和利润大幅增长，实现了步步高公司和张三的双赢。

2. 承租经营

光辉工厂是一家国有中型机械制造企业，由于市场竞争激烈和经营管理不善，企业陷入困境。优财公司是一家具有先进技术和管理经验的民营企业，对光辉工厂的生产设备和厂房等资产有租赁经营的意向。

双方签订了承租经营合同，优财公司向光辉工厂每年支付150万元的租金，承租期限为3年。优财公司以自己的名义从事经营活动，独立进行生产、销售和财务管理。光辉工厂在承租期间不参与优财公司的经营决策，只负责提供租赁资产的维护和基本的后勤保障服务。

优财公司利用自身的技术优势和市场渠道，对光辉工厂的生产线进行了升级改造，推出了更具竞争力的产品，迅速打开了市场。在承租经营期间，优财公司的经营成果与光辉工厂的收益主要通过租金体现，并不直接与优财公司经营成果挂钩〔2024年优财公司实现产值1.1亿元（不含税销售额），利润560万元〕。

税法小知识

（1）根据《财政部 国家税务总局关于全面推开营业税改征增值税试点的通知》（财税〔2016〕36号）附件1《营业税改征增值税试点实施办法》第二条规定：单位以承包、承租、挂靠方式经营的，承包人、承租人、挂靠人（以下统称承包人）以发包人、出租人、被挂靠人（以下统称发包人）名义对外经营并由发包人承担相关法律责任的，以该发包人为纳税人。否则，以承包人为纳税人。

（2）根据《国家税务总局关于个人对企事业单位实行承包经营、承租经营取得所得征税问题的通知》（国税发〔1994〕179号）规定：

一、企业实行个人承包、承租经营后，如果工商登记仍为企业的，不管其分配方式如何，均应先按照企业所得税的有关规定缴纳企业所得税。承包经营、承租经营者按照承包、承租经营合同（协议）规定取得的所得，依照个人所得税法的有关规定缴纳个人所得税，具体为：

（一）承包、承租人对企业经营成果不拥有所有权，仅是按合同（协议）规定取得一定所得的，其所得按工资、薪金所得项目征税，适用5%—45%的九级超额累进税率。

（二）承包、承租人按合同（协议）的规定只向发包、出租方交纳一定费用后，企业经营成果归其所有的，承包、承租人取得的所得，按对企事业单位的承包经营、承租经营所得项目，适用5%—35%的五级超额累进税率征税。

二、企业实行个人承包、承租经营后，如工商登记改变为个体工商户的，应依照个体工商户的生产、经营所得项目计征个人所得税，不再征收企业所得税。

三、企业实行承包经营、承租经营后，不能提供完整、准确的纳税资料、正确计算应纳税所得额的，由主管税务机关核定其应纳税所得额，并依据《中华人民共和国税收征收管理法》的有关规定，自行确定征收方式。

控税分析

1. 如何理解承包经营与承租经营

（1）什么是承包经营？

承包经营是企业所有权人将企业的经营管理权发包给其他单位或个人的一种业务形式。在承包经营中，承包人可以以发包人名义，也可以以自己的名义从事经营活动。发包人的收益与承包经营所产生的成果直接相关。

例如，甲公司委托乙公司负责承包经营，双方在合同中明确规定：乙公司承包后仍以甲公司名义对外开展经营，且甲公司的税后利润由双方各占50%。这种经营方式便属于典型的承包经营。

（2）什么是承租经营？

承租经营是将企业整体租赁给其他单位或个人进行经营管理的业务模式。承租人向出租人交付租金，出租人的收益与租金直接挂钩，而与承租经营成果不存在直接关联。承租经营的对象是企业，而非单项财产。其显著特点是承租人在取得企业财产的同时，还能够获得被出租企业的部分生产经营权。承租经营分为以出租方名义从事经营和以承租方名义从事经营两种类型。

（3）如何区分承包经营与承租经营？

承包经营与承租经营在多个方面存在差异。其中，最为明显的区别是：在承包经营模式下，出包方的收益通常与承包经营的成果紧密相连；而在承租经营模式下，出租方的收益一般仅与租金收益直接相关，与承租经营成果并无直接关联。

例如，甲公司与乙公司签订合同，约定甲公司交由乙公司经营。若双方按照乙方经营的税后利润的50%进行分成，则该合同为承包经营合同，因为在此情况下，甲方的经济利益与乙方的经营成果直接相关。若合同约定乙公司定期向甲方缴纳固定数额的租金，且乙方的经营结果与甲方收益无直接关系，那么该合同则属于承租经营合同。

2. 承包经营与承租经营税款缴纳的差异

（1）承包经营（步步高连锁超市与张三）。

1）增值税。

由于张三以步步高公司的名义经营，步步高公司为纳税人。假设超市销售货物适用增值税税率为13%。增值税计算公式如下。

增值税 = 销售额 × 适用税率 = 17 000 × 13% = 2210（万元）。

2）企业所得税。

先按企业所得税有关规定缴纳企业所得税。假设企业所得税税率为25%。

扣除承包费用等成本后的利润为1200万元，需缴纳企业所得税：1200 × 25% = 300（万元）。

3）张三个人所得税。

张三取得扣除承包费用等成本后的利润为1200万元。

根据五级超额累进税率，全年应纳税所得额1200万元对应的税率为35%，速算扣除数为65 500。

张三应缴纳个人所得税：1200 × 35% − 6.55 = 413.45（万元）。

(2)承租经营(光辉工厂与优财公司)。

1)增值税。

优财公司以自己的名义经营,作为独立纳税人。假设适用的增值税税率为13%。

增值税计算公式:增值税=产值×适用税率=11 000×13%=1430(万元)。

2)企业所得税。

光辉工厂收取固定租金150万元,假设企业所得税税率为25%。

光辉工厂应缴纳企业所得税:150×25%=37.5(万元)。

优财公司实现利润560万元,需缴纳企业所得税:560×25%=140(万元)。

(3)分析比较。

1)从增值税角度看。

承包经营中,增值税由步步高公司承担,计算较为明确,应纳增值税取决于销售额和适用税率。

承租经营中,优财公司以自己名义经营,应纳增值税根据产值和适用税率计算,与自身经营规模紧密相关。

2)从企业所得税角度看。

承包经营中,步步高公司先缴纳企业所得税,张三再根据所得情况缴纳个人所得税。税负与经营成果紧密相关,利润高则税负高。

承租经营中,光辉工厂和优财公司分别缴纳企业所得税。光辉工厂的税负取决于固定租金收入,较为稳定;优财公司的税负则与自身经营成果相关。

综上所述，承包经营和承租经营在纳税方面存在差异。承包经营的税负与经营成果的关联性更强，风险和收益并存；承租经营的税负相对较为稳定，主要取决于租金收入和承租人自身的经营情况。在实际操作中，企业应根据自身情况和经营目标，合理选择经营模式，并进行税务筹划，以降低税负和税务风险。

三、探索"挂靠经营"替代方案，确保经营合规合法

案例52：探索"挂靠经营"替代方案

随着营改增的不断深入，建筑行业财税管理从不规范到规范，经过了一个阵痛期。

当然，到目前为止，还有一些建筑企业仍然还停留在营改增之前的管理水平，给企业带来了极大的涉税风险。

案例背景

丰达建筑公司"挂靠"嘉诚建筑公司对外承接业务，工程中标后由嘉诚建筑公司向发包方开具发票，工程所消耗的料、工、费由嘉诚建筑公司直接开支，利润通过"其他渠道"支付给丰达建筑公司。实际的施工单位为丰达建筑公司，对外形成一种嘉诚建筑公司自营自建项目的假象。

很显然，这种"挂靠"业务是极其不规范的，也存在极大的涉税风险。那么，我们可以依据国家政策对业务进行调整以确保合规合法。

税法小知识

（1）根据《财政部 国家税务总局关于全面推开营业税改征增值税试点的通知》（财税〔2016〕36号）附件1《营业税改征增值税试点实施办法》第二条规定：单位以承包、承租、挂靠方式经营的，承包人、承租人、挂靠人（以下统称承包人）以发包人、出租人、被挂靠人（以下统称发包人）名义对外经营并由发包人承担相关法律责任的，以该发包人为纳税人。否则，以承包人为纳税人。

（2）根据《国家税务总局关于进一步明确营改增有关征管问题的公告》（国家税务总局公告2017年第11号）第二条规定：建筑企业与发包方签订建筑合同后，以内部授权或者三方协议等方式，授权集团内其他纳税人（以下称"第三方"）为发包方提供建筑服务，并由第三方直接与发包方结算工程款的，由第三方缴纳增值税并向发包方开具增值税发票，与发包方签订建筑合同的建筑企业不缴纳增值税。发包方可凭实际提供建筑服务的纳税人开具的增值税专用发票抵扣进项税额。

（3）根据关于《国家税务总局关于纳税人对外开具增值税专用发票有关问题的公告》的解读第二条规定：以挂靠方式开展经营活动在社会经济生活中普遍存在，挂靠行为如何适用本公告，需要视不同情况分别确定。第一，如果挂靠方以被挂靠方名义，向受票方纳税人销售货物、提供增值税应税劳务或者应税服务，应以被挂靠方为纳税人。被挂靠方作为货物的销售方或者应税劳务、应税服务的提供方，按照相关规定向受票方开具增值税专用发票，属于本公告规定的情形。第二，如果挂靠方以自己名义向受票方纳税人销售货物、提供增值税应税劳务或者应税服务，被挂靠方与此项业务无关，则应以挂靠方为纳税人。这种情况下，被挂靠方向受票方纳税人就该项业务开具增值税专用发票，不在本公告规定之列。

控税分析

通过对以上案例的分析，采用以下方式，可能会让业务更加规范。

1. 签订正式协议

丰达建筑公司与嘉诚建筑公司应签订正式的《内部承包协议》或《合作经营协议》，明确双方的权利和义务，包括工程款的支付、发票的开具、税费的承担等。

2. 调整业务模式

嘉诚建筑公司可以与发包方签订建筑合同，并通过内部授权或三方协议的方式，授权丰达建筑公司（作为嘉诚建筑公司的内部单位或关联企业）为发包方提供建筑服务，或者嘉诚建筑公司在承接了工程项目以后，在工程项目所在地单独注册成立一家分公司，由总公司向分公司授权，以分公司的名义进行施工（实际上分公司的负责人由丰达建筑公司实际控制人担任）。

丰达建筑公司（或分公司）应确保以自己的名义（或作为嘉诚建筑公司的内部单位）进行实际施工，并承担相应的法律责任。

3. 规范发票开具与税款缴纳

丰达建筑公司（或作为嘉诚建筑公司的内部单位）应直接向发包

方开具增值税发票（或分公司直接向发包方开具发票），并承担相应的增值税缴纳义务。

嘉诚建筑公司不再作为该项目的纳税人，但应协助丰达建筑公司（或分公司）完成相关税务手续，确保发票的合法性和有效性。

4.加强风险防控

双方应建立完善的内部控制体系，加强对合同条款、发票管理、税款缴纳等方面的监督和管理，确保业务操作的合法性和规范性。

定期进行税务风险评估和自查自纠，及时发现和纠正潜在的税务问题。

5.结论

通过合理利用国家政策，丰达建筑公司和嘉诚建筑公司可以探索一种合法合规的"挂靠"替代方案。

通过签订正式协议、调整业务模式、规范发票开具与税款缴纳以及加强风险防控等措施，可以有效降低涉税风险，实现业务的合法合规经营。

四、绿化工程合同形式不同，纳税有差异

案例53：优化绿化工程合同签订方式，可享受税收优惠

建筑施工企业有时候难免会承接一些园林绿化工程，那么，园林绿化工程合同如何签订可以实现减税呢？

案例背景

佳诚园林公司承接了一项绿化工程，工程总价为800万元［其中园林施工600万元，园林养护（植物保护）120万元，病虫防治80万元］，合同如何签订才能实现税负最低呢？假设金额不含税。

税法小知识

（1）根据《财政部 国家税务总局关于全面推开营业税改征增值税试点的通知》（财税〔2016〕36号）附件1《营业税改征增值税试点实施办法》相关规定：提供交通运输、邮政、基础电信、建筑、不动产租赁服务，销售不动产，转让土地使用权，税率为9%。

（2）根据《财政部 国家税务总局关于全面推开营业税改征增值税试点的通知》（财税〔2016〕36号）附件3《营业税改征增值税试点过渡政策的规定》第一条第（十）项规定，农业机耕、排灌、病虫害防治、植物保护、农牧保险以及相关技术培训业务，家禽、牲畜、水生动物的配种和疾病防治，免征增值税。

控税分析

通过对以上政策的分析，得出如下结论与筹划思路。

1. 业务税收分析

（1）园林施工适用9%的增值税税率。600万元的园林施工需缴纳增值税。

应纳增值税 =600 × 9%=54（万元）。

（2）根据政策规定，园林养护（植物保护）和病虫防治这两部分业务属于免征增值税范围。

2.合同签订建议

通过对以上税收政策的分析,应将绿化工程合同进行分拆签订,明确区分不同业务板块,这样有利于降低企业的税务负担。

(1)如果佳诚园林公司在承接工程时,以800万元包工包料签订承包合同,那么,佳诚园林公司适用一般计税方法和9%的增值税税率,应计算缴纳的增值税销项税额为:800×9%=72(万元)。

(2)如果佳诚园林公司分别签订合同,先签订600万元的园林施工合同,工程完成后,再签订120万元的园林养护合同和80万元的病虫防治合同(病虫害防治、植物保护免征增值税),那么,佳诚园林公司应计算缴纳的销项税额为:600×9%+120×0%+80×0%=54(万元)。

五、"EPC项目"合同描述不同,纳税有差异

案例54:千万别把"EPC项目"的税交多了

在基础设施建设以及重大民生的投资项目中,如PPP项目、EPC项目等,关于税款的缴纳,国家并未出台相应的政策,完全需要分析后进行缴纳。因此,时常会出现一些执行口径不一致的现象,对税款的缴纳造成了一定的影响。

案例背景

城东建筑公司承接了一项EPC项目,总包金额为1亿元,其中设计费1000万元,材料采购费5000万元,建筑施工费4000万元。

EPC是指公司受业主委托,按照合同约定对工程建设项目的设

计、采购、施工、试运行等实行全过程或若干阶段的承包。通常公司在总价合同条件下，对其所承包工程的质量、安全、费用和进度进行负责，因而又被称为"交钥匙工程"。

城东建筑公司在与业主签订合同时，在合同条款中注明：设计部分向业主提供适用税率6%的增值税专用发票，采购部分向业主提供适用税率13%的增值税专用发票，施工部分向业主提供适用税率9%的增值税专用发票。

税法小知识

1. 国家层面

根据《财政部 国家税务总局关于全面推开营业税改征增值税试点的通知》（财税〔2016〕36号）附件1《营业税改征增值税试点实施办法》第三十九条规定：纳税人兼营销售货物、劳务、服务、无形资产或者不动产，适用不同税率或者征收率的，应当分别核算适用不同税率或者征收率的销售额；未分别核算的，从高适用税率。

第四十条规定：一项销售行为如果既涉及服务又涉及货物，为混合销售。从事货物的生产、批发或者零售的单位和个体工商户的混合销售行为，按照销售货物缴纳增值税；其他单位和个体工商户的混合销售行为，按照销售服务缴纳增值税。

2. 地方层面

《河南省国家税务局营改增问题快速处理机制 专期十六》问题四：

EPC（Engineering Procurement Construction）是指公司受业主委

托，按照合同约定对工程建设项目的设计、采购、施工、试运行等实行全过程或若干阶段的承包。通常公司在总价合同条件下，对其所承包工程的质量、安全、费用和进度进行负责。请问 EPC 业务是否属于混合销售？

答复：EPC 业务不属于混合销售行为，属于兼营行为，纳税人需要针对 EPC 合同中不同的业务分别进行核算，即按各业务适用的不同税率分别计提销项税额。

控税分析

通过对以上国家层面、地方层面政策的分析得出以下结论。

（1）混合销售、兼营销售在界定上目前存在不清晰的地方，至少在实际执行过程中，地域上是有差异的。

（2）如果按混合销售，城东建筑公司的增值税税额为：10 000/（1+9%）×9%≈825.69（万元）。

（3）如果按兼营服务，城东建筑公司的增值税税额为：1000/（1+6%）×6%+5000/（1+13%）×13%+4000/（1+9%）×9%≈962.1（万元）。

通过对两种不同形式下税款缴纳的对比，很显然，按混合销售对建筑公司而言是有利的。因此，企业在签订合同或开展业务时，一定要先咨询当地执行 EPC 项目的纳税口径，这样才有利于节税。

 **第八章 特殊合同签订策略与节税思考**

第一节 企业买卖战略合同签订策略与节税思考

获取建筑"资质"要合规合法

案例55：是"股权转让"还是"资质买卖"，全是套路

案例背景

甲建筑公司在当地建筑市场小有名气，拥有建筑工程施工总承包二级资质。乙企业是一家新成立的公司，急于进入建筑市场承接项目，但由于自身条件不足，难以通过正常渠道在短时间内获得相应资质。

乙企业计划通过中间人联系到甲建筑公司，通过协商，达成一项资质买卖协议。乙企业将以数百万元的价格购买甲建筑公司的建筑工程施工总承包二级资质，包括相关的证书、文件等。甲建筑公司将资质证书等资料转让给乙企业，并协助乙企业在一些项目投标中以甲建筑公司的名义参与，实际由乙企业进行施工。

税法小知识

（1）根据《中华人民共和国建筑法》第六十六条规定：建筑施工企业转让、出借资质证书或者以其他方式允许他人以本企业的名义承揽工程的，责令改正，没收违法所得，并处罚款，可以责令停业整顿，降低资质等级；情节严重的，吊销资质证书。对因该项承揽工程不符合规定的质量标准造成的损失，建筑施工企业与使用本企业名义的单位或者个人承担连带赔偿责任。

（2）根据《中华人民共和国行政许可法》第九条规定：依法取得的行政许可，除法律、法规规定依照法定条件和程序可以转让的外，不得转让。

（3）根据《国家税务总局关于发布〈股权转让所得个人所得税管理办法（试行）〉的公告》（国家税务总局公告2014年第67号）第四条规定：个人转让股权，以股权转让收入减除股权原值和合理费用后的余额为应纳税所得额，按"财产转让所得"缴纳个人所得税。

（4）根据《国家税务总局关于贯彻落实企业所得税法若干税收问题的通知》（国税函〔2010〕79号）第三条规定：企业转让股权收入，

应于转让协议生效、且完成股权变更手续时，确认收入的实现。转让股权收入扣除为取得该股权所发生的成本后，为股权转让所得。企业在计算股权转让所得时，不得扣除被投资企业未分配利润等股东留存收益中按该项股权所可能分配的金额。

（5）根据《财政部 税务总局关于印花税若干事项政策执行口径的公告》（财政部 税务总局公告2022年第22号）第三条第（四）项规定：纳税人转让股权的印花税计税依据，按照产权转移书据所列的金额（不包括列明的认缴后尚未实际出资权益部分）确定。

控税分析

建筑资质的转让与买卖是不合法的，建筑业企业资质是准许特定的企业从事符合法定条件的活动，其主体和对象不可分离，不能作为无形资产进行买卖和转让。

实际工作中，很多企业采取收购股权的方式以达到对目标公司的控制，进而间接获取资质。

本案例中，乙企业计划实施的行为是不合法的，不能通过这种方式获取资质。乙企业可以通过购买甲建筑公司股权，成为甲建筑公司的股东，通过控制甲建筑公司来实现获取甲建筑公司的资质，从而对外开展经营业务。

第二节　土地买卖战略合同签订策略与节税思考

一、土地返还款是购地合同纳税策划的"杠杆"

案例56：不同项目"土地返还"，纳税有差异

房地产公司通过"招拍挂"进行土地购置，非常普通，然而，随着房地产行业营改增的实施，同样是购地、返还，方式不同纳税便不同。

案例背景

收到的"土地返还款"用于"拆迁补偿"，如何缴纳增值税？

嘉诚房地产开发公司2024年10月以"招拍挂"取得土地使用权，面积为100亩，一次性支付土地出让金12 000万元。

2024年11月在与当地政府签订土地出让合同时约定，一次性返还嘉诚房地产开发公司土地出让金4000万元，全部用于征地拆迁补偿（其中1000万元用于建筑物拆除，3000万元用于动迁补偿），如果实际发生的拆迁补偿费用低于4000万元，则作为嘉诚房地产开发公司代理拆迁补偿收入，如果实际发生的拆迁补偿费用超过4000万元，则由嘉诚房地产开发公司承担。

税法小知识

（1）根据《国家税务总局关于政府收回土地使用权及纳税人代垫拆迁补偿费有关营业税问题的通知》（国税函〔2009〕520号）第二条规定：纳税人受托进行建筑物拆除、平整土地并代委托方向原土地

使用权人支付拆迁补偿费的过程中,其提供建筑物拆除、平整土地劳务取得的收入应按照"建筑业"税目缴纳营业税;其代委托方向原土地使用权人支付拆迁补偿费的行为属于"服务业——代理业"行为,应以提供代理劳务取得的全部收入减去其代委托方支付的拆迁补偿费后的余额为营业额计算缴纳营业税。

(2)根据《财政部 国家税务总局关于全面推开营业税改征增值税试点的通知》(财税〔2016〕36号)附件2《营业税改征增值税试点有关事项的规定》第一条第(三)项第4点规定:经纪代理服务,以取得的全部价款和价外费用,扣除向委托方收取并代为支付的政府性基金或者行政事业性收费后的余额为销售额。向委托方收取的政府性基金或者行政事业性收费,不得开具增值税专用发票。

第一条第(七)项第1点规定:一般纳税人以清包工方式提供的建筑服务,可以选择适用简易计税方法计税。

以清包工方式提供建筑服务,是指施工方不采购建筑工程所需的材料或只采购辅助材料,并收取人工费、管理费或者其他费用的建筑服务。

(3)根据《财政部 国家税务总局关于明确金融 房地产开发 教育辅助服务等增值税政策的通知》财税〔2016〕140号第七条规定:《营业税改征增值税试点有关事项的规定》(财税〔2016〕36号)第一条第(三)项第10点中"向政府部门支付的土地价款",包括土地受让人向政府部门支付的征地和拆迁补偿费用、土地前期开发费用和土地出让收益等。

房地产开发企业中的一般纳税人销售其开发的房地产项目（选择简易计税方法的房地产老项目除外），在取得土地时向其他单位或个人支付的拆迁补偿费用也允许在计算销售额时扣除。纳税人按上述规定扣除拆迁补偿费用时，应提供拆迁协议、拆迁双方支付和取得拆迁补偿费用凭证等能够证明拆迁补偿费用真实性的材料。

控税分析

结合以上案例，根据以上相关政策的规定，我们可以得出以下纳税结论：

（1）嘉诚房地产开发公司将建筑物拆除劳务外包给建筑公司，构筑物拆除属于以清包工形式提供的建筑服务，可以选择适用简易计税方法计税。

如果外包金额低于1000万元，则嘉诚房地产开发公司按扣除支付给建筑公司分包款后的余额为销售额，采用简易计税方法，按3%的征收率缴纳建筑服务增值税。

如果外包金额超过1000万元，由于1000万元扣除支付给建筑公司分包款后的余额为负数，则嘉诚房地产开发公司无须缴纳建筑服务增值税。

（2）嘉诚房地产开发公司代政府部门支付拆迁补偿费的行为属于"经纪代理服务"，按经纪代理服务缴纳增值税。

如果嘉诚房地产开发公司实际发生拆迁补偿费低于3000万元，则以扣除代付的拆迁补偿费后的余额为销售额，按6%的税率缴纳代理服务增值税。

如果嘉诚房地产开发公司实际发生拆迁补偿费超过3000万元，扣除代付的拆迁补偿费后的余额为负数，则嘉诚房地产开发公司无须缴纳代理服务增值税。

（3）针对房地产开发企业在销售其房地产开发项目时，可以扣除的土地价款金额确认问题。

首先，嘉诚房地产开发公司实际支付的土地价款为12 000万元，可以作为向政府部门支付的土地价款，计算销售额时可以在全部价款和价外费用中按规定期限扣除，土地返还款无须冲减土地价款。

其次，如果嘉诚房地产开发公司实际发生的拆迁补偿费超过4000万元，超过部分则属于在取得土地时向其他单位或个人支付的拆迁补偿费，也允许在计算销售额时扣除。

最后，如果嘉诚房地产开发公司实际发生的拆迁补偿费低于4000万元，差额部分也无须冲减土地价款。

二、土地转让合同，形式不同，纳税便不同

随着我国房地产市场蓬勃发展，土地使用权的获取途径愈加多元化。在实际操作中，常常是已成立的房地产企业率先参与土地竞标，中标后再组建项目公司对中标土地展开独立开发。如此便形成了土地出让金由中标房地产企业出资、土地使用权归属于中标房地产企业的局面，而且取得的土地出让金行政收据的抬头也是中标房地产企业。土地只有过户到项目公司名下，方可进行立项报建及开发。然而，土地一旦过户至项目公司名下，就会被视作转让土地使用权的行为，需依据相关法律法规缴纳增值税及附加税、土地增值税、企业所得税、

契税、印花税等。这使得企业在尚未开始开发之际就承受着巨大的税金支付压力,加重了企业的税务负担。

如何借助划转、分立、投资这三种不同方式,帮助房地产企业将土地过户至项目公司名下,从而实现节税呢?

案例57：土地"划转、分立、投资",哪个缴税最少

案例背景

优财集团占股51%,新光公司占股49%,共同出资1000万元组建成立的开元公司。2015年3月1日,该公司以200万元/亩的价格,通过招投标购入长沙市岳麓区一地块W共60亩,该地块现评估公允价值为230万元/亩。开元公司领导层商议,一致同意将成立项目公司,并将W地块过户到项目公司进行开发。

公司税务顾问提供以下三种不同方案,分析土地变更中的税务成本。

方案一：由开元公司投资成立全资子公司星星公司,开元公司与星星公司签订无偿划转协议,将该地块W按账面净值划转到星星公司名下。

方案二：由开元公司进行分立,分立成开元公司及星星公司,股权比例不变,将该地块W以及购买时相关联的债权一并转让给星星公司。

方案三：将该地块W以增资扩股形式投资入股到星星公司名下。

控税分析

1. 资产划转方案的涉税成本

（1）开元公司需缴纳的税金如下：

1）增值税。

根据《财政部 国家税务总局关于全面推开营业税改征增值税试点的通知》（财税〔2016〕36号）附件1《营业税改征增值税试点实施办法》第十四条规定：下列情形视同销售服务、无形资产或者不动产：

（一）单位或者个体工商户向其他单位或者个人无偿提供服务，但用于公益事业或者以社会公众为对象的除外。

（二）单位或者个人向其他单位或者个人无偿转让无形资产或者不动产，但用于公益事业或者以社会公众为对象的除外。

（三）财政部和国家税务总局规定的其他情形。

根据以上文件第（二）项规定，应视同销售，开元公司需缴纳增值税。

根据《财政部 国家税务总局关于进一步明确全面推开营改增试点有关劳务派遣服务、收费公路通行费抵扣等政策的通知》（财税〔2016〕47号）第三条第（二）项规定：纳税人转让2016年4月30日前取得的土地使用权，可以选择适用简易计税方法，以取得的全部价款和价外费用减去取得该土地使用权的原价后的余额为销售额，按照5%的征收率计算缴纳增值税。

开元公司将地块W无偿划拨到星星公司，需缴纳增值税=

$(230-200) \times 60 \div (1+5\%) \times 5\% \approx 85.71$（万元）。

2）城建税、教育费附加（含地方）。

需缴纳的城建税、教育费附加 $=85.71 \times (7\%+5\%) \approx 10.29$（万元）。

3）印花税。

按产权转移书据万分之五的税率缴纳印花税。

需缴纳的印花税 $=230 \times 60 \times 0.05\% = 6.90$（万元）。

4）土地增值税。

根据《财政部 税务总局关于继续实施企业改制重组有关土地增值税政策的公告》（财政部 税务总局公告 2023 年第 51 号）第四条规定：单位、个人在改制重组时以房地产作价入股进行投资，对其将房地产转移、变更到被投资的企业，暂不征收土地增值税。

第五条规定：上述改制重组有关土地增值税政策不适用于房地产转移任意一方为房地产开发企业的情形。

因此，开元公司需缴纳土地增值税。

需缴纳的土地增值税 $=[230 \times 60 \div (1+5\%) - (200 \times 60 + 200 \times 60 \times 3\% + 10.29 + 6.90)] \times 30\% \approx 229.70$（万元）（式中 $200 \times 60 \times 3\%$ 为开元公司取得出让土地时缴纳的契税）。

5）企业所得税。

根据《财政部 国家税务总局关于促进企业重组有关企业所得税处理问题的通知》（财税〔2014〕109 号）第三条规定：对 100% 直接控制的居民企业之间，以及受同一或相同多家居民企业 100% 直接控制的居民企业之间按账面净值划转股权或资产，凡具有合理商业目的、不以减少、免除或者推迟缴纳税款为主要目的，股权或资产划转后连续 12 个月内不改变被划转股权或资产原来实质性经营活动，且划出方企业和划入方企业均未在会计上确认损益的，可以选择按以下规定进行特殊性税务处理：

1. 划出方企业和划入方企业均不确认所得。

2. 划入方企业取得被划转股权或资产的计税基础，以被划转股权或资产的原账面净值确定。

3. 划入方企业取得的被划转资产，应按其原账面净值计算折旧扣除。

根据以上税收政策规定，开元公司按账面净值将土地资产划转到星星公司，开元公司不需缴纳企业所得税。

（2）星星公司需缴纳的税金如下：

1）契税。

根据《财政部 税务总局关于继续实施企业、事业单位改制重组有关契税政策的公告》（财政部 税务总局公告 2023 年第 49 号）第六条规定：对承受县级以上人民政府或国有资产管理部门按规定进行行政性调整、划转国有土地、房屋权属的单位，免征契税。

同一投资主体内部所属企业之间土地、房屋权属的划转，包括母公司与其全资子公司之间，同一公司所属全资子公司之间，同一自然人与其设立的个人独资企业、一人有限公司之间土地、房屋权属的划转，免征契税。

母公司以土地、房屋权属向其全资子公司增资，视同划转，免征契税。

根据以上文件，星星公司接受开元公司划转土地使用权，不需缴纳契税。

2）印花税。

开元公司将其名下的土地使用权无偿划转至星星公司名下的行为，按产权转移书据万分之五的税率缴纳印花税。

星星公司需缴纳的印花税 =230×60×0.05%=6.90（万元）。

在资产划转模式下，双方的税务总成本 =85.71+10.29+6.90+229.70+6.90=339.50（万元）。

注意： 开元公司与星星公司在土地原始成本确认上有所不同，星星公司未来在计算土地增值税时，土地的取得成本为 230 万元 / 亩，开元公司企业所得税土地税前扣除成本为 200 万元 / 亩。

2. 公司分立方案的涉税成本

（1）开元公司需缴纳的税金如下：

1）增值税。

根据《财政部 国家税务总局关于全面推开营业税改征增值税试点的通知》（财税〔2016〕36号）附件2《营业税改征增值税试点有关事项的规定》第一条第（二）项规定：在资产重组过程中，通过合并、分立、出售、置换等方式，将全部或者部分实物资产以及与其相关联的债权、负债和劳动力一并转让给其他单位和个人，其中涉及的不动产、土地使用权转让行为不征收增值税。

根据以上文件，开元公司不缴纳增值税。

2）城建税、教育费附加（含地方）。

开元公司不缴纳城建税、教育费附加（含地方）。

3）印花税。

根据《财政部 税务总局关于企业改制重组及事业单位改制有关印花税政策的公告》（财政部 税务总局公告2024年第14号）第三条规定：对企业改制、合并、分立、破产清算以及事业单位改制书立的产权转移书据，免征印花税。

根据以上文件，公司书立的产权转移书据免交印花税。

4）土地增值税。

根据《财政部 税务总局关于继续实施企业改制重组有关土地增值税政策的公告》（财政部 税务总局公告2023年第51号）第三条规定：按照法律规定或者合同约定，企业分设为两个或两个以上与原企业投资主体相同的企业，对原企业将房地产转移、变更到分立后的企业，暂不征收土地增值税。

第五条规定：上述改制重组有关土地增值税政策不适用于房地产转移任意一方为房地产开发企业的情形。

因此，开元公司需缴纳土地增值税。

需缴纳的土地增值税 = [230×60÷(1+5%) − (200×60+200×60×3%)]×30% ≈ 234.86（万元）（式中200×60×3%为开元公司取得出让土地时缴纳的契税）。

5）企业所得税。

根据《财政部 国家税务总局关于企业重组业务企业所得税处理若干问题的通知》（财税〔2009〕59号）规定，适用特殊性税务处理的企业分立的条件为：

①具有合理的商业目的，且不以减少、免除或者推迟缴纳税款为

主要目的。

②企业分立后的连续 12 个月内不改变分立资产原来的实质性经营活动。

③取得股权支付的原主要股东，在分立后连续 12 个月内，不得转让所取得的股权。

④被分立企业所有股东按原持股比例取得分立企业的股权，分立企业和被分立企业均不改变原来的实质经营活动，且被分立企业股东在该企业分立发生时取得的股权支付金额不低于其交易支付总额的 85%。

同时满足上述条件的企业，可按以下规定进行税务处理：

- 分立企业接受被分立企业资产和负债的计税基础，以被分立企业的原有计税基础确定。
- 被分立企业已分立出去资产相应的所得税事项由分立企业承继。
- 被分立企业未超过法定弥补期限的亏损额可按分立资产占全部资产的比例进行分配，由分立企业继续弥补。
- 被分立企业的股东取得分立企业的股权（以下简称"新股"），如需部分或全部放弃原持有的被分立企业的股权（以下简称"旧股"），"新股"的计税基础应以放弃"旧股"的计税基础确定。如不需放弃"旧股"，则其取得"新股"的计税基础可从以下两种方法中选择确定：直接将"新股"的计税基础确定为零；或者以被分立企业分立出去的净资产占被分立企业全部净资产的比例先调减原持有的"旧股"的计税基础，再将调减的计税基础平均分配到"新股"上。

⑤非股权支付仍应在交易当期确认相应的资产转让所得或损失，并调整相应资产的计税基础。

判断是否属于免税重组，因分立时未发生非股权支付额，且满足其条件，应认定为免税重组，免缴企业所得税。

（2）星星公司需缴纳的税金如下：

1）契税。

根据《财政部 税务总局关于继续实施企业、事业单位改制重组有关契税政策的公告》（财政部 税务总局公告2023年第49号）第四条规定：公司依照法律规定、合同约定分立为两个或两个以上与原公司投资主体相同的公司，对分立后公司承受原公司土地、房屋权属，免征契税。

根据以上文件，公司分立不需缴纳契税。

2）印花税。

根据《财政部 税务总局关于企业改制重组及事业单位改制有关印花税政策的公告》（财政部 税务总局公告2024年第14号）第三条规定：对企业改制、合并、分立、破产清算以及事业单位改制书立的产权转移书据，免征印花税。

根据以上文件，企业书立的产权转移书据免交印花税。

在公司分立模式下，双方的税务总成本=234.86（万元）。

注意：开元公司与星星公司在土地原始成本确认上有所不同，星星公司未来在计算土地增值税时，土地的取得成本为230万元/亩，开元公司企业所得税土地税前扣除成本为200万元/亩。

3. 地块投资方案的涉税成本

（1）开元公司需缴纳的税金如下：

1）增值税。

根据《财政部 国家税务总局关于全面推开营业税改征增值税试点的通知》（财税〔2016〕36号）附件1《营业税改征增值税试点实施办法》第十条规定：销售服务、无形资产或者不动产，是指有偿提供服务、有偿转让无形资产或者不动产。第十一条规定：有偿，是指取得货币、货物或者其他经济利益。

根据《国家税务总局关于发布〈纳税人转让不动产增值税征收管理暂行办法〉的公告》（国家税务总局公告2016年第14号）第二条规定：本办法所称取得的不动产，包括以直接购买、接受捐赠、接受投资入股、自建以及抵债等各种形式取得不动产。

房地产开发企业销售自行开发的房地产项目不适用本办法。

根据上述规定可以得出，企业将无形资产、不动产投资入股换取被投资企业股权的行为属于有偿取得"其他经济利益"，且被投资企业取得不动产包括"接受投资入股"形式取得的不动产，其进项税额准予从销项税额中抵扣。

根据以上规定，企业以土地使用权投资应作为销售缴纳增值税，并可计算销项税额、开具增值税专用发票给被投资企业作为抵扣进项税额的凭据。因此土地使用权投资要视同销售缴纳增值税。

根据《财政部 国家税务总局关于进一步明确全面推开营改增试点有关劳务派遣服务、收费公路通行费抵扣等政策的通知》（财税〔2016〕47号）第三条第（二）项规定：纳税人转让2016年4月30日前取得的土地使用权，可以选择适用简易计税方法，以取得的全部价款和价外费用减去取得该土地使用权的原价后的余额为销售额，按照5%的征收率计算缴纳增值税。

开元公司将地块 W 投资到星星公司名下，需缴纳增值税 =（230-200）× 60 ÷（1+5%）× 5% ≈ 85.71（万元）。

2）城建税、教育费附加（含地方）。

需缴纳的城建税、教育费附加 =85.71 ×（7%+5%）≈ 10.29（万元）。

3）印花税。

按产权转移书据万分之五的税率缴纳印花税。

需缴纳的印花税 =230 × 60 × 0.05%=6.90（万元）。

4）土地增值税。

根据《财政部 税务总局关于继续实施企业改制重组有关土地增值税政策的公告》（财政部 税务总局公告 2023 年第 51 号）第四条规定：单位、个人在改制重组时以房地产作价入股进行投资，对其将房地产转移、变更到被投资的企业，暂不征收土地增值税。

第五条规定：上述改制重组有关土地增值税政策不适用于房地产转移任意一方为房地产开发企业的情形。

因此，开元公司需缴纳土地增值税。

需缴纳的土地增值税 =［230 × 60 ÷（1+5%）-（200 × 60+200 × 60 × 3%+10.29+6.90）］× 30% ≈ 229.70（万元）（式中 200 × 60 × 3% 为开元公司取得出让土地时缴纳的契税）。

5）企业所得税。

根据《财政部 国家税务总局关于非货币性资产投资企业所得税

政策问题的通知》(财税〔2014〕116号)第二条规定:企业以非货币性资产对外投资,应对非货币性资产进行评估并按评估后的公允价值扣除计税基础后的余额,计算确认非货币性资产转让所得。

因此,开元公司将土地投资到星星公司名下,应缴纳企业所得税。

需缴纳的企业所得税 = [230×60÷(1+5%)-(200×60+10.29+6.90+229.70)]×25%≈223.99(万元)。

(2)星星公司需缴纳的税金如下:

1)契税。

根据《中华人民共和国契税暂行条例实施细则》第八条规定:土地、房屋权属以下列方式转移的,视同土地使用权转让、房屋买卖或房屋赠与征税:

(一)以土地、房屋权属作价投资、入股。

根据以上规定,应缴纳契税,需缴纳的契税 = 230×60÷(1+5%)×3%≈394.29(万元)。

2)印花税。

按产权转移书据万分之五的税率缴纳印花税。

需缴纳的印花税 = 230×60×0.05%≈6.90(万元)。

在股权投资模式下,双方的税务总成本 = 85.71+10.29+6.90+229.70+223.99+394.29+6.90=957.78(万元)。

4.结论

通过对以上三种方案的分析,此土地使用权变更所产生的税务总成本,方案二(234.86万元)<方案一(339.50万元)<方案三

(957.78万元)。综合分析,方案二在公司分立模式下,采用特殊性税务处理所产生的税务成本更低且对企业未来的影响更小,企业分立方案变更土地使用权更节税。

三、拆迁协议不会签,影响税款缴纳

案例58:是"买卖"还是"置换",纳税有差异

随着城市建设进程的不断推进,很多企业都有被搬迁的经历,那么,出现政策性搬迁时,如何与政府签订合同可以实现减税呢?

案例背景

图8-1为某食品厂政策性搬迁所签订的《厂房、设备买卖合同》。

厂房、设备买卖合同

转让方(甲方):　　　　　　　　限公司
受让方(乙方):　　　　　　　　限公司
鉴　证　方:江苏委员会

为认真落实市、区关于对　　　　停搬迁、并对其厂房设备进行收购的要求,甲、乙双方本着平等互利的原则,经协商一致,现甲方将其享有使用权的工业用地及享有所有权的厂房、设备等转让与乙方事宜达成如下协议:

一、工业用地及厂房、设备等基本情况:

工业用地属于工业出让,位于　　　　　　路东侧　　　路北侧,土地权属性质为国有出让,用途为工业,土地面积约为25233.5平方米,甲方因工业出让享有对该工业用地的使用权,使用期限为50年,至2063年1月8日止;房屋建筑物建筑面积为13142.46平方米,甲方享有对该厂房的合法所有权。厂房内设备、材料等详见附件清单。

二、转让标的及价款:

1、双方一致同意,甲方向乙方转让本协议第一条列明的土地使用权、厂房、设备等(删除通用设备、材料、办公用具等可移动设备等)。

2、转让价款:转让标的经双方共同委　　　　估价资产评估有限公司进行评估,预评估总价约4482.3395万元(删除通用设备、材料、办公用品、空调等可移动设备等),最终转让标的的价款以市审计部门审核并报市国资办批准结果为准。

图8-1 厂房、设备买卖合同

某食品厂属于政策性搬迁，政府在新区为该企业规划了一块土地，但是在处理流程上有点特殊：

（1）食品厂原来的土地使用权、厂房、设备等，评估后转让给资产管理公司，转让价4400万元。

（2）食品厂重新通过"招拍挂"购买在新区规划的土地使用权，土地使用权价值也在4000万元左右。

税法小知识

（1）根据《中华人民共和国土地增值税暂行条例》第二条规定：转让国有土地使用权、地上的建筑物及其附着物（以下简称转让房地产）并取得收入的单位和个人，为土地增值税的纳税义务人（以下简称纳税人），应当依照本条例缴纳土地增值税。

（2）根据《国家税务总局关于发布〈企业政策性搬迁所得税管理办法〉的公告》（国家税务总局公告2012年第40号）第十三条规定：企业搬迁中被征用的土地，采取土地置换的，换入土地的计税成本按被征用土地的净值，以及该换入土地投入使用前所发生的各项费用支出，为该换入土地的计税成本，在该换入土地投入使用后，按《企业所得税法》及其实施条例规定年限摊销。

控税分析

通过对以上案例的分析，食品厂目前的合同签订方式是极其错误的，会增加企业的税务成本和现金流出：

（1）食品厂将原来的土地直接转让给资产管理公司，根据土地增值税相关规定，食品厂需要缴纳土地增值税。

（2）食品厂转让原土地所获得的资金用于购买新区规划的土地，将该土地作为公司新厂房用地，且购买价与原土地的转让价相近，食品厂并未取得价差收益。

以上处理方式反而增加了食品厂转让环节需要缴纳的土地增值税，增加了公司资金流的流出。如果食品厂不是通过转让、买卖方式，而是换一种方式，即让政府将原来的土地与新区规划的土地进行置换。根据政策规定，采取土地置换的，被征用土地的净值，以及该换入土地投入使用前所发生的各项费用支出，为该换入土地的计税成本，这样反而不会增加土地增值税负担。

因此，合同的签订对税款的缴纳是至关重要的，稍不注意就会增加企业的税务成本。

第三节 企业重组战略合同签订战略与节税思考

一、置换合同这样签订，能实现节税

案例59："股权置换"（自然人股东），税务负担重

案例背景

2019年张三、李四两名自然人股东出资300万元成立了嘉诚科技公司。

2024年张三、李四与中税优财公司达成协议，将张三、李四持有的嘉诚科技公司 100% 股权评估作价后，换取中税优财公司的增资扩股股权，差额部分以现金方式支付。

嘉诚科技公司评估股权价值为 3500 万元，中税优财公司与张三、李四之间的支付方式为 3000 万元中税优财公司的增资加 500 万元现金。

股权置换后，中税优财公司持有嘉诚科技公司 100% 的股权，张三、李四成为中税优财公司的股东。图 8-2 为自然人股东"股权置换"前后对比图。

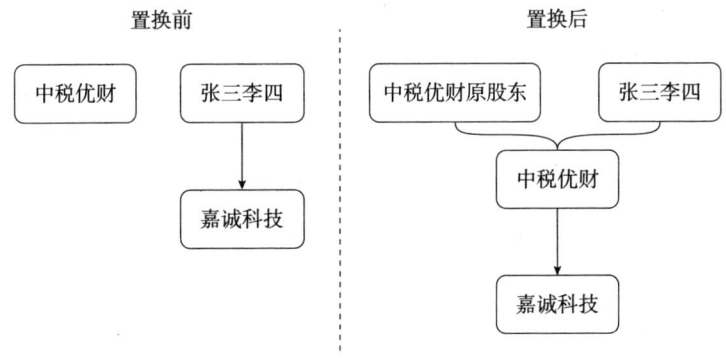

图8-2　自然人股东"股权置换"前后对比图

税法小知识

根据《财政部 国家税务总局关于个人非货币性资产投资有关个人所得税政策的通知》（财税〔2015〕41号）相关规定：

一、个人以非货币性资产投资，属于个人转让非货币性资产和投资同时发生。对个人转让非货币性资产的所得，应按照"财产转让所得"项目，依法计算缴纳个人所得税。

二、个人以非货币性资产投资，应按评估后的公允价值确认非货币性资产转让收入。非货币性资产转让收入减除该资产原值及合理税费后的余额为应纳税所得额。

个人以非货币性资产投资，应于非货币性资产转让、取得被投资企业股权时，确认非货币性资产转让收入的实现。

三、个人应在发生上述应税行为的次月15日内向主管税务机关申报纳税。纳税人一次性缴税有困难的，可合理确定分期缴纳计划并报主管税务机关备案后，自发生上述应税行为之日起不超过5个公历年度内（含）分期缴纳个人所得税。

四、个人以非货币性资产投资交易过程中取得现金补价的，现金部分应优先用于缴税；现金不足以缴纳的部分，可分期缴纳。

个人在分期缴税期间转让其持有的上述全部或部分股权，并取得现金收入的，该现金收入应优先用于缴纳尚未缴清的税款。

控税分析

以上股权置换，站在不同的角度，应该如何纳税呢？

（1）中税优财公司：只缴纳股权收购合同的印花税、企业增资的印花税。

（2）嘉诚科技公司：由于只是股东变更，不产生纳税义务。

（3）张三、李四：应缴纳个人所得税 =（3500−300）×20%=640（万元），印花税 =3500×0.05%=1.75（万元）。在本次股权置换过程中，张三、李四收到了500万元现金，那么，这500万元现金应优先支付税金，剩余欠缴税费报税务机关备案后，可在5年内分期缴纳。

案例60:"股权置换"(法人股东),纳税有优惠

案例背景

中税优财公司以本企业20%的股权(公允价值为8000万元)作为支付对价(本企业股权为增资),购买湖南经纪公司持有的嘉诚科技公司80%的股权(计税基础4000万元,公允价值8000万元)。

本次交易完成后,中税优财公司将持有嘉诚科技公司80%的股权,湖南经纪公司将持有中税优财公司20%的股权,上述交易于2023年完成股权登记手续。

图8-3为法人股东"股权置换"前后对比图。

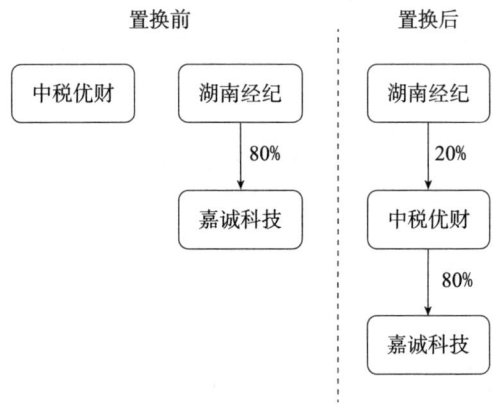

图8-3 法人股东"股权置换"前后对比图

税法小知识

根据《财政部 国家税务总局关于企业重组业务企业所得税处理若干问题的通知》(财税〔2009〕59号)相关规定:

五、企业重组同时符合下列条件的,适用特殊性税务处理规定:

（一）具有合理的商业目的，且不以减少、免除或者推迟缴纳税款为主要目的。

（二）被收购、合并或分立部分的资产或股权比例符合本通知规定的比例。

（三）企业重组后的连续12个月内不改变重组资产原来的实质性经营活动。

（四）重组交易对价中涉及股权支付金额符合本通知规定比例。

（五）企业重组中取得股权支付的原主要股东，在重组后连续12个月内，不得转让所取得的股权。

六、企业重组符合本通知第五条规定条件的，交易各方对其交易中的股权支付部分，可以按以下规定进行特殊性税务处理：

……

（二）股权收购，收购企业购买的股权不低于被收购企业全部股权的75%（注：财税〔2014〕109号文将该比例调整为50%），且收购企业在该股权收购发生时的股权支付金额不低于其交易支付总额的85%，可以选择按以下规定处理：

1. 被收购企业的股东取得收购企业股权的计税基础，以被收购股权的原有计税基础确定。

2. 收购企业取得被收购企业股权的计税基础，以被收购股权的原有计税基础确定。

3. 收购企业、被收购企业的原有各项资产和负债的计税基础和其他相关所得税事项保持不变。

控税分析

由于中税优财公司收购湖南经纪公司持有的嘉诚科技公司 80% 的股权，该股权持有比例大于 50%；股权支付比例为 100%，该股权支付比例大于 85%，假定同时符合特殊性税务处理的其他条件，那么，各公司的税务处理如下：

（1）中税优财公司：只缴纳股权收购合同的印花税、企业增资的印花税。

（2）嘉诚科技公司：由于只是股东变更，不产生纳税义务。

（3）湖南经纪公司：由于属于股权置换，所以湖南经纪公司取得中税优财公司股权的计税基础仍然为 4000 万元。也就是说，湖南经纪公司只是改变了一下被投资主体，只缴纳股权收购合同的印花税。

案例61："房地产置换"，政府征税优惠大

案例背景

蓝天汽车贸易有限公司（以下简称"蓝天汽车"）是从事汽车销售业务的 4S 店，2024 年其经营场地，因城市道路建设规划需要，被政府征收，拆迁补偿费为 1500 万元，政府给出的条件为货币补偿与土地置换两种方式，蓝天汽车选择了货币补偿。

税法小知识

1. 增值税

根据《财政部 国家税务总局关于全面推开营业税改征增值税试点的通知》（财税〔2016〕36 号）附件 3《营业税改征增值税试点过

渡政策的规定》第一条第（三十七）项规定：土地使用者将土地使用权归还给土地所有者免征增值税。

2. 土地增值税

根据《中华人民共和国土地增值税暂行条例》第八条规定、《中华人民共和国土地增值税暂行条例实施细则》第十一条规定，对被征收单位或个人因国家建设的需要而被政府批准征用、收回房地产的，免征其土地增值税。

3. 契税

（1）根据《中华人民共和国契税法》第七条规定：省、自治区、直辖市可以决定对下列情形免征或者减征契税：

（一）因土地、房屋被县级以上人民政府征收、征用，重新承受土地、房屋权属；

（二）因不可抗力灭失住房，重新承受住房权属。

前款规定的免征或者减征契税的具体办法，由省、自治区、直辖市人民政府提出，报同级人民代表大会常务委员会决定，并报全国人民代表大会常务委员会和国务院备案。

（2）根据《关于继续实施企业、事业单位改制重组有关契税政策的公告》（财政部 税务总局公告2023年第49号）第六条规定：对承受县级以上人民政府或国有资产管理部门按规定进行行政性调整、划转国有土地、房屋权属的单位，免征契税。

4. 企业所得税

根据《国家税务总局关于发布〈企业政策性搬迁所得税管理办

法〉的公告》(国家税务总局公告 2012 年第 40 号)第三条规定:企业政策性搬迁,是指由于社会公共利益的需要,在政府主导下企业进行整体搬迁或部分搬迁。企业由于下列需要之一(详见国家税务总局公告 2012 年第 40 号文),提供相关文件证明资料的,属于政策性搬迁。

第五条规定:企业的搬迁收入,包括搬迁过程中从本企业以外(包括政府或其他单位)取得的搬迁补偿收入,以及本企业搬迁资产处置收入等。

第六条规定:企业取得的搬迁补偿收入,是指企业由于搬迁取得的货币性和非货币性补偿收入。具体包括:

(一)对被征用资产价值的补偿;

(二)因搬迁、安置而给予的补偿;

(三)对停产停业形成的损失而给予的补偿;

(四)资产搬迁过程中遭到毁损而取得的保险赔款;

(五)其他补偿收入。

第十五条规定:企业在搬迁期间发生的搬迁收入和搬迁支出,可以暂不计入当期应纳税所得额,而在完成搬迁的年度,对搬迁收入和支出进行汇总清算。

第十六条规定:企业的搬迁收入,扣除搬迁支出后的余额,为企业的搬迁所得。企业应在搬迁完成年度,将搬迁所得计入当年度企业应纳税所得额计算纳税。

第十七条规定:下列情形之一的,为搬迁完成年度,企业应进行搬迁清算,计算搬迁所得:

(一)从搬迁开始,5 年内(包括搬迁当年度)任何一年完成搬迁的。

（二）从搬迁开始，搬迁时间满 5 年（包括搬迁当年度）的年度。

第十九条规定：企业同时符合下列条件的，视为已经完成搬迁：

（一）搬迁规划已基本完成；

（二）当年生产经营收入占规划搬迁前年度生产经营收入 50% 以上。

5. 个人所得税

根据《财政部 国家税务总局关于城镇房屋拆迁有关税收政策的通知》（财税〔2005〕45 号）第一条规定：对被拆迁人按照国家有关城镇房屋拆迁管理办法规定的标准取得的拆迁补偿款，免征个人所得税。

控税分析

通过对以上政策的分析，我们得出，蓝天汽车经营场地拆迁属于政策性拆迁，因此，可以享受增值税、土地增值税免税政策。至于企业所得税，如果蓝天汽车在搬迁完成后，在进行搬迁清算时企业未产生盈利，则无须缴纳企业所得税，否则，蓝天汽车需要按规定缴纳企业所得税。

二、企业分立协议，税费影响决策

案例62：企业通过分立实现"资产剥离"，税费是关键

案例背景

嘉诚科技公司名下拥有不动产（房产和土地），公司股东为张三

和优信咨询公司。

因公司业务发展较好，未来有望上市，嘉诚科技公司计划做上市前的股权架构搭建及不动产和生产经营剥离，但是直接把不动产分离出去则需要承担较多的税费，如增值税、土地增值税、契税、企业所得税、个人所得税、印花税、城建税及教育费附加等。若不动产增值较大，税负会高达 50% 以上，纳税人很难承受如此高的税负，有没有更好的方案呢？

为了降低公司资产剥离过程中的税负，财税专家首先想到的便是派生分立。

税法小知识

1. 增值税

（1）根据《国家税务总局关于纳税人资产重组有关增值税问题的公告》（国家税务总局公告 2011 年第 13 号）规定：纳税人在资产重组过程中，通过合并、分立、出售、置换等方式，将全部或者部分实物资产以及与其相关联的债权、负债和劳动力一并转让给其他单位和个人，不属于增值税的征税范围，其中涉及的货物转让，不征收增值税。

本公告自 2011 年 3 月 1 日起执行。

（2）根据《国家税务总局关于纳税人资产重组有关增值税问题的公告》（国家税务总局公告 2013 年第 66 号）规定：纳税人在资产重组过程中，通过合并、分立、出售、置换等方式，将全部或者部分实物资产以及与其相关联的债权、负债经多次转让后，最终的受让方与劳动力接收方为同一单位和个人的，仍适用《国家税务总局关于纳税人资产重组有关增值税问题的公告》（国家税务总局公告2011年第13号）的相关规定，其中货物的多次转让行为均不征收增值税。资产的出让方需将资产重组方案等文件资料报其主管税务机关。

本公告自2013年12月1日起施行。

（3）根据《财政部 国家税务总局关于全面推开营业税改征增值税试点的通知》（财税〔2016〕36号）附件2《营业税改征增值税试点有关事项的规定》第一条第（二）项中的规定：在资产重组过程中，通过合并、分立、出售、置换等方式，将全部或者部分实物资产以及与其相关联的债权、负债和劳动力一并转让给其他单位和个人，其中涉及的不动产、土地使用权转让行为，不征收增值税。

2. 土地增值税

根据《财政部 税务总局关于继续实施企业改制重组有关土地增值税政策的公告》（财政部 税务总局公告2023年第51号）第三条规定：按照法律规定或者合同约定，企业分设为两个或两个以上与原企业投资主体相同的企业，对原企业将房地产转移、变更到分立后的企业，暂不征收土地增值税。

第九条规定：本公告执行至2027年12月31日。

3. 契税

根据《财政部 税务总局关于继续实施企业、事业单位改制重组有关契税政策的公告》（财政部 税务总局公告2023年第49号）第四条规定：公司依照法律规定、合同约定分立为两个或两个以上与原公司投资主体相同的公司，对分立后公司承受原公司土地、房屋权属，免征契税。

第十一条规定：本公告执行期限为 2024 年 1 月 1 日至 2027 年 12 月 31 日。

4. 印花税

根据《财政部 税务总局关于企业改制重组及事业单位改制有关印花税政策的公告》（财政部 税务总局公告 2024 年第 14 号）第三条规定：对企业改制、合并、分立、破产清算以及事业单位改制书立的产权转移书据，免征印花税。

5. 企业所得税

被分立企业股东在该企业分立发生时取得的股权支付金额不低于其交易支付总额的 85%，符合特殊性税务处理，股权支付暂不确认有关资产的转让所得或损失，按账面价值确认资产，暂时不计算资产转让所得和损益。

根据《财政部 国家税务总局关于企业重组业务企业所得税处理若干问题的通知》（财税〔2009〕59 号）第五条规定：企业重组同时符合下列条件的，适用特殊性税务处理规定：

（一）具有合理的商业目的，且不以减少、免除或者推迟缴纳税款为主要目的。

（二）被收购、合并或分立部分的资产或股权比例符合本通知规定的比例。

（三）企业重组后的连续 12 个月内不改变重组资产原来的实质性

经营活动。

（四）重组交易对价中涉及股权支付金额符合本通知规定比例。

（五）企业重组中取得股权支付的原主要股东，在重组后连续12个月内，不得转让所取得的股权。

第六条第（五）项规定：企业分立，被分立企业所有股东按原持股比例取得分立企业的股权，分立企业和被分立企业均不改变原来的实质经营活动，且被分立企业股东在该企业分立发生时取得的股权支付金额不低于其交易支付总额的85%，可以选择按以下规定处理：

1. 分立企业接受被分立企业资产和负债的计税基础，以被分立企业的原有计税基础确定。

2. 被分立企业已分立出去资产相应的所得税事项由分立企业承继。

3. 被分立企业未超过法定弥补期限的亏损额可按分立资产占全部资产的比例进行分配，由分立企业继续弥补。

4. 被分立企业的股东取得分立企业的股权（以下简称"新股"），如需部分或全部放弃原持有的被分立企业的股权（以下简称"旧股"），"新股"的计税基础应以放弃"旧股"的计税基础确定。如不需放弃"旧股"，则其取得"新股"的计税基础可从以下两种方法中选择确定：直接将"新股"的计税基础确定为零；或者以被分立企业分立出去的净资产占被分立企业全部净资产的比例先调减原持有的"旧股"的计税基础，再将调减的计税基础平均分配到"新股"上。

6. 个人所得税

根据《国家税务总局关于企业重组业务企业所得税征收管理若干问题的公告》(国家税务总局公告 2015 年第 48 号)规定:

一、按照重组类型,企业重组的当事各方是指:

(一)债务重组中当事各方,指债务人、债权人。

(二)股权收购中当事各方,指收购方、转让方及被收购企业。

(三)资产收购中当事各方,指收购方、转让方。

(四)合并中当事各方,指合并企业、被合并企业及被合并企业股东。

(五)分立中当事各方,指分立企业、被分立企业及被分立企业股东。

上述重组交易中,股权收购中转让方、合并中被合并企业股东和分立中被分立企业股东,可以是自然人。

当事各方中的自然人应按个人所得税的相关规定进行税务处理。

温馨提示:若被分立的公司股东涉及自然人股东,需要按个人所得税相关规定缴纳个人所得税,没有明确的税收优惠政策。但是各地税务部门执行情况不一,部分地域暂不征收个人所得税;部分地域按个人所得税的相关规定进行税务处理。

控税分析

1. 分立形式

(1)分立前。

嘉诚科技公司注册资本 1000 万元,张三持股 30%、A 公司持股

70%，公司名下拥有价值3000万元的不动产（房产和土地）。

（2）分立后。

嘉诚科技公司注册资本300万元，张三持股30%、A公司持股70%，公司名下无不动产（相关资产已转至"新星科技公司"）。

派生的"新星科技公司"，注册资本700万元，张三持股30%、A公司持股70%，公司名下拥有价值3000万元的不动产（房产和土地）。

2. 纳税情况

（1）增值税。

嘉诚科技公司将房产和土地剥离至新星科技公司，若与该不动产有关的债权、负债和劳动力一并转至新星科技公司，那么在办理不动产变更时，不缴纳增值税。

（2）土地增值税。

由嘉诚科技公司分立出的新星科技公司，其股东结构未变，仍为"张三持有30%、A公司持有70%"，与原嘉诚科技公司投资主体相同。

因此，对原嘉诚科技公司将房地产转移、变更到新星科技公司，暂不征收土地增值税。

（3）契税。

由嘉诚科技公司分立出的新星科技公司，其股东结构未变，仍为"张三持有30%、A公司持有70%"，与原嘉诚科技公司投资主体相同。

因此，对新星科技公司接收嘉诚科技公司的土地、房屋权属，免征契税。

（4）印花税。

由嘉诚科技公司分立出的新星科技公司，涉及产权转移书据，免征印花税。

（5）企业所得税。

公司分立符合特殊性税务处理，不缴纳企业所得税。

（6）个人所得税。

由嘉诚科技公司分立出的新星科技公司，被分立的公司股东涉及自然人股东，需要按个人所得税相关规定缴纳个人所得税，没有明确的税收优惠政策。但是各地税务部门执行情况有差异，部分地域暂不征收个人所得税；部分地域按个人所得税的相关规定进行税务处理。

三、公司亏损时别随便注销，关键时候派上大用场

随着市场竞争的日益激励，企业可能出现经营状况不好的时候，如出现关停、亏损、清算、注销等情形，该如何处理才能将损失降到最低呢？

案例63：利用亏损公司实现节税

案例背景

张三与李四共同投资成立大成公司，大成公司是一家经营酒店服务的公司，2022年大成公司发生了巨额亏损，累计产生亏损500万元。

大成公司注册资金2400万元（均已实缴），公司经营酒店的场所为租赁场所，大成公司除酒店装修投入外，无其他相关资产投入。

大成公司结合目前市场状况以及公司经营的现状，决定停止运

营,全力投入其他业务板块的运营(如建筑服务公司、运输公司等)。

对于大成公司停止运营后,公司如何处理最优?张三和李四一直未找到最佳处理方案。

对此财税专家为其提供了一套财税优化方案,具体方案策划如下:

第一步:股权转让。

由建筑公司(建筑公司每年盈利在1000万元左右)收购张三与李四所投资的大成公司的2400万份股份,收购对价为平价收购(也就是按2400万元收购),由于公司巨亏,加之无其他相关资产,平价收购具有正当理由。

第二步:注销亏损公司。

建筑公司收购张三与李四的股份后,全资拥有大成公司,通过一段时间的重整后,大成公司仍然无法改善经营状况,最后决定关停清算。

建筑公司收回清算所得80万元(主要为酒店设备及资产处理收益),产生投资亏损2320万元。

第三步:投资损失扣除。

建筑公司投资大成公司所产生的亏损2320万元,根据国家相关政策可以在建筑公司企业所得税税前扣除,从而可实现节税580(=2320×25%)万元。

税法小知识

(1)根据《财政部 国家税务总局关于企业资产损失税前扣除政

策的通知》(财税〔2009〕57号)第六条规定:企业的股权投资符合下列条件之一的,减除可收回金额后确认的无法收回的股权投资,可以作为股权投资损失在计算应纳税所得额时扣除:

(一)被投资方依法宣告破产、关闭、解散、被撤销,或者被依法注销、吊销营业执照的;

(二)被投资方财务状况严重恶化,累计发生巨额亏损,已连续停止经营3年以上,且无重新恢复经营改组计划的;

(三)对被投资方不具有控制权,投资期限届满或者投资期限已超过10年,且被投资单位因连续3年经营亏损导致资不抵债的;

(四)被投资方财务状况严重恶化,累计发生巨额亏损,已完成清算或清算期超过3年以上的;

(五)国务院财政、税务主管部门规定的其他条件。

(2)根据《国家税务总局关于发布〈企业资产损失所得税税前扣除管理办法〉的公告》(国家税务总局公告2011年第25号)第四十一条规定:企业股权投资损失应依据以下相关证据材料确认:

(一)股权投资计税基础证明材料;

(二)被投资企业破产公告、破产清偿文件;

(三)工商行政管理部门注销、吊销被投资单位营业执照文件;

(四)政府有关部门对被投资单位的行政处理决定文件;

(五)被投资企业终止经营、停止交易的法律或其他证明文件;

(六)被投资企业资产处置方案、成交及入账材料;

(七)企业法定代表人、主要负责人和财务负责人签章证实有关投资(权益)性损失的书面申明;

（八）会计核算资料等其他相关证据材料。

第四十二条规定：被投资企业依法宣告破产、关闭、解散或撤销、吊销营业执照、停止生产经营活动、失踪等，应出具资产清偿证明或者遗产清偿证明。

上述事项超过三年以上且未能完成清算的，应出具被投资企业破产、关闭、解散或撤销、吊销等的证明以及不能清算的原因说明。

控税分析

通过对以上相关税收政策的分析，对于部分企业在生产经营过程中有多项经营业务，其中一部分业务出现了亏损而无法继续经营的，可以将亏损企业"装入"盈利企业，从而根据企业投资亏损可在企业所得税税前予以扣除的政策规定，进行有效的减税策划，以达到降低税负的目的。

52招总览

第01招：合同主体不同，税款缴纳便不同

第02招：合同标的描述不同，税款缴纳有差异

第03招：合同项目条款，描述方式不同，税款缴纳有差异

第04招：合同金额条款，描述方式不同，纳税有差异

第05招：合同付款条款不会写，纳税时间有差异

第06招：合同定金、订金，一字之差，纳税差异巨大

第07招：不会签订剔税合同，税金无法列支成本

第08招：包税合同，当心税费"等于"变相加价

第09招：企业签订借款合同，表现形式不同，纳税有差异

第10招：无偿借款合同，存在哪些涉税风险？如何防范

第11招：明股实债合同，改变合同形式，将改变税款缴纳

第12招：抵债合同，流程错了，税费就产生了

第13招：担保合同暗含义气，潜藏税费

第14招：抵押合同，资产过户税费高，处理恰当，能实现节税

第15招：签促销合同，一定要关注税费

第16招："购房"送"家电"，别忘了税费成本

第17招：赠予合同不要忽视税费，白送也得交税

第18招：商超入驻合同，优化合同签订，可实现降税

第19招：促销返券，财务处理方式不同，税费缴纳有差异

第20招：股权转让合同，流程不同，税款缴纳有差异

第21招：股权代持协议只能自个儿看，基本不被认可为税款计算依据

第22招："对赌协议"对赌的是效益，陪跑的是税款

第23招：项目跟投协议如何签订，税负最低

第24招：出资协议用好了，节税效果便有了

第25招：阴阳合同不能签，当心赔了夫人又折兵

第26招：居间合同不会签，税款缴纳成倍翻

第27招：签订委托合同，一定要重点关注税款

第28招：业务代理合同，优化合同签订，可实现降税

第29招：融资租赁合同，税费缴纳考验专业水准

第30招：免租合同、无租合同，描述不同，纳税有差异

第31招：租赁合同，变换方式，可实现节税

第32招：售后返租合同签订形式不同，纳税便不同

第33招：仓储租赁合同不会签，税费便翻番

第34招：机械租赁合同，优化合同签订，可实现节税

第35招：货物安装合同，优化合同签订，可实现节税

第36招：设备安装合同，优化合同签订，可实现节税

第37招：广告投放找谁签合同？如何签？有技巧

第38招：广告服务合同项目写清楚，可享受税收优惠

第39招：咨询合同的上门交通费谁来买单，合同签订有技巧

第40招：劳务派遣合同，费用支付方式不同，纳税有差异

第41招：施工合同计税方法选对了，纳税便轻松了

第42招：承包经营、承租经营，纳税有差异

第43招：探索"挂靠经营"替代方案，确保经营合规合法

第44招：绿化工程合同形式不同，纳税有差异

第45招："EPC项目"合同描述不同，纳税有差异

第46招：获取建筑"资质"要合规合法

第47招：土地返还款是购地合同纳税策划的"杠杆"

第48招：土地转让合同，形式不同，纳税便不同

第49招：拆迁协议不会签，影响税款缴纳

第50招：置换合同这样签订，能实现节税

第51招：企业分立协议，税费影响决策

第52招：公司亏损时别随便注销，关键时候派上大用场